누리호,
우주로 가는
길을 열다

대한민국 우주산업의 7대 우주강국 진입기

누리호,
우주로 가는
길을 열다

오승협(한국항공우주연구원 책임연구원) 지음

RHK
알에이치코리아

나는 일곱 살 때 영화 〈스타워즈〉를 보고 로봇공학자의 꿈을 키웠다. 인간을 돕는 로봇 R2-D2와 C-3P0가 너무 멋졌고, 방대한 우주를 배경으로 한 모험을 넋을 잃고 보던 기억이 아직도 새롭다. 이제는 UCLA의 로봇 연구소 RoMe-La(Robotics & Mechanisms Laboratory)의 소장으로 영화 속의 로봇 못지않은 진짜 로봇들을 만들며 그때 꾸었던 꿈처럼 살고 있지만, 우주를 향한 나의 꿈은 여전히 꿈일 뿐이다.

어렸을 때 아버지와 함께 글라이더와 로켓을 만들고 날리던 추억들이 많다. 초등학교 때는 식초와 탄산수소나트륨을 섞으면 이산화탄소가 발생한다는 것을 알고 그 이론을 사용해 첫 번째 로켓 발사를 성공했다. 물론 몇 미터 정도 위로 '쑥!' 하고 난 것뿐이었지만, 그 로켓을 만들기 위해 엄청나게 많은 실패도 하고, 시큼한 식초를 온몸에 뒤집어쓰면서 만든 로켓이라 그때의 신나고 행복한 기분은 오늘도 나의 입가에 미소를 머금게 한다. 식초 로켓의 성공 이후로, 좀 더 그럴싸한, TV에서 보았던 불을 뿜으며 하늘을 나는 '진짜' 로켓을 만들고 싶어졌다. 도서관에서 빌려온 과학책에서 흑색화약의 제조법을 알아내고 여러 실험을 거쳐 자그마한 고체연료 로켓을 만들었다. '쒀우우우웅' 하는 소리와 함께 불을 뿜으며 하늘로 올라가던 나의 로켓을 보며 며칠 동안 흥분을 가라앉히지 못했다. 그러던 중 하루는 형, 누나와 함께 남은 흑색화약을 통째로 깡통에 담고 아파트 옥상에서 불을 붙였다. 굉음을 내면서 메케한 연기와 함께 몇 미터 높이의 불기둥이 하늘로 치솟았다. 1층에서 이를 본 경비아저씨는 주민들을 대피시켰고 소방차와 경찰차가 들이닥치자 우리는 도망치고 말았던 웃지 못할 해프닝들도 지금은 재밌는 추억으로 남아있다.

장난감과도 같은 작은 로켓들이었지만, 이들을 만들면서

나는 엔지니어로서의 중요한 자세들을 배운 것 같다. 계속해서 배우고 정보를 찾으며, 실험을 해보고 시제품을 만드는 것, 즉 머리뿐 아니라 손으로 직접 만지고 만들고 부수며 배울 수 있었다. 실패에 실패를 거듭해도 거기서 다시 일어나는, 실패를 두려워하지 않는 자세, 그리고 성공으로 가는 길은 그 실패에서 배우며 가는 것이라는 값진 배움을 얻었다. 이런 자세들은, 지금 로봇 공학자로서 로봇들을 만드는 데 더 없이 중요한 엔지니어로서의 자세뿐 아니라 나의 삶을 사는 나의 철학이기도 하다. 이렇게 나의 우주로의 꿈은, 어렸을 때 만든 로켓들로 키워갔다.

우주여행과 우주탐사를 비즈니스 모델로 하는 민간 우주산업도 활발해지는 시기에, 나는 '제프 베이조스'의 초대로, 제프의 우주 로켓 회사인 블루오리진의 첫 번째 민간 로켓에 탑승해 볼 기회도 생겼다. '일론 머스크'와 함께 로봇 프로젝트를 진행하면서 나는 일론의 스페이스X 우주 로켓 회사의 Starship 발사장이 있는 Boca Chica에도 초대받아 세계에서 가장 큰 Starship의 최초 stacking을 직접 볼 기회도 있었다. 로켓에 관한 것은 아니지만, NASA JPL에서 우주정거장 외부 벽에 붙어 걸어 다니는 로봇 프로젝트에 참여하기도 하며 우주의 꿈을 나는 계속해서 좇고 있다. 이렇게 나에게 우주 로켓은 꿈에 불과했지만, 이를 진짜로 이루는 이야기가 바로 이 책에 담겨있다.

　이 책을 읽으며 마지막 페이지를 넘길 때까지도 나의 가슴이 두근거린 건, 우주를 향한 나의 꿈의 '대리만족'이었기 때문이라기보다는, 바로 우주로 가는 그 과정의 도전, 실패, 그리고 다시 일어나 재도전하는 엔지니어들의 스토리 때문이 아니었나 싶다. 대한민국이 우주로 가는 길을 반드시 열겠다는 사명감으로 도전하는 멋진 엔지니어들! 이렇게 어려운 환경과 기술적 한계 속에서도 독자적으로 개발한 한국형 발사체 '누리호'의 이야기는 손에 땀을 쥐게 하는 생생한 글 속에, 어렸을 때 영화 〈스타워즈〉를 처음 보았을 때의 그 흥분을 일으켰다. 마치 그 자리에 함께 있는 듯한, 우리가 알지 못했던 비하인드 스토리들의 자세한 개발과정 이야기들, 그리고 엔지니어들의 고충, 모험, 그리고 도전의 이야기들로 가득한 '누리호' 성공의 기록이다. 우주에 대한 희망을 안겨주며 또 미래에 대한 계속되는 도전을 기대하게 하는 책이다. 흥분된 마음으로 마지막 페이지를 넘길 때, 나는 잠시 눈을 감았다. 작년에 돌아가신 아버지 생각이 났기 때문이다.

우리나라 우주항공의 초석을 다지신 고(故) 홍용식 박사님이 저자의 지도교수이며 나의 아버지이다. 분명 하늘에서 우리를 내려다보시며 자랑스러워하시겠지…. 그리고 앞으로 우리나라의 우주로 향한 꿈을 현실로 만드는 모습을 계속 지켜보고 계시리라.

우주를 향한 우리의 꿈…. 그래서 이는 시작일 뿐이다. 아주 멋진 시작일 뿐이다.

데니스 홍(로봇공학자)

우리나라 우주발사체에 관심이 있는 사람이라면 누구에게나 적극 추천할 수 있는 책이다. 누리호 우주발사체의 개발에서 성공까지의 과정에서 일어난 사건들의 이면에 있는 개발자들의 고충과 문제 해결에 대한 의지를 잘 담고 있고, 후배 우주 공학도들이 본받을 수 있는 가치 있는 유산적 내용을 풍부하게 포함하고 있다. 우리나라 과학관측용 고체 로켓부터 한국형발사체 누리호의 성공까지의 과정에 대한 공학자적인 측면에서의 고찰을 잘 살펴볼 수 있으며, 우리나라 우주발사체의 역사적인 사건에 대해 관심이 있는 모든 사람들에게 훌륭한 자료이다. 이들을 바탕으로 미래의 우주 개발, 탐사 및 여행에 관련된 우리나라 우주발사체 분야에 대한 긍정적이고 도전적인 시각의 지평선을 더 넓게 펼칠 수 있을 것이다.

노태성(인하대학교 항공우주공학과 교수)

한국 우주발사체 개발은 KSR-I에서 시작해 누리호에서 화려하게 꽃을 피웠다. 물론 우주 선진국들과 비교하면 아직도 갈 길이 멀다는 지적이 있기는 하지만 누리호 발사 성공으로 이제 제대로 그들과 경쟁할 수 있게 됐다. 누리호 발사 성공 이면에 얼마나 많은 연구자들의 눈물과 땀이 스며있는지는 본인들 이외에는 알기 어렵다. 이 책은 누리호 개발 연구자들의 숨소리까지 느껴질 정도로 생생하다. 또 하나, 이 책을 통해 과학기술에서 왜 실패를 허용해야 하는지 이해할 수 있게 될 것이다. 이 책의 마지막 페이지까지 가면 그동안 한국 우주개발에 나섰던 모든 연구자들에게 열광적인 박수를 보내고 싶어질 것이다.

유용하(한국과학기자협회 회장)

우리나라 순수 기술로 만든 최초의 발사체 누리호의 성공은 전 국민에게 커다란 희망과 자긍심을 심어주었다. 그렇지만, 성공하기까지 연구진의 각고의 노력과 희생이 없이는 이루어질 수 없는 시련과 도전의 과정이었다. 본 도서는 개발 뒤에 숨겨진 연구진의 피땀 어린 순간을 생생하게 그려내고 있어 또 다른 감동을 주고 있다. 이제 우리는 누리호 성공을 발판으로 거침없이 우주로 나아갈 시기이다. 우주는 우리의 꿈과 미래의 가치를 갖고 있기에.

윤영빈(서울대학교 항공우주공학과 교수)

추천의
말

매년 한해의 과학기술 성과와 이슈를 결산하고, 최신 연구 동향 및 과학기술계 이슈에 대한 국민적 관심과 저변 확대를 위하여 한국과학기술단체총연합회에서는 2005년부터 '올해의 10대 과학기술 뉴스'를 선정하여 발표하고 있다. 2022년 '올해의 10대 과학기술 뉴스'에 우주발사체 누리호 발사 성공, 다누리호의 달궤도 진입 성공, KF21 보라매의 시험비행 성공 등 항공우주 관련 뉴스 3건이 선정되었다. 2022년은 대한민국 항공우주 역사에 큰 획을 그은 해로 우리 국민들에게 기억될 것이다. 이 중에서도 누리호 2차 비행시험 성공은 온 국민들에게 우주에 대한 희망과 벅찬 감동, 그리고 자긍심을 선사하였다.

　저자는 천문우주과학연구소 우주공학실로부터 출발하여 현 한국항공우주연구원의 전신인 항공우주연구소가 설립된 1989년 10월 창립 멤버로 일평생 우주 로켓 개발에 매진하였다. 36년간 로켓 엔지니어로서 과학관측용 고체로켓 KSR-I, II, 과학관측용 액체 로켓 KSR-III, 나로호, 누리호 개발과 추진기관 시험 설비 구축 및 운용에 기여한 저자의 경험은 지난 30여 년 우리나라 민간 로켓 개발의 역사와 그 궤를 같이한다 하겠다. 이 책은 엔지니어 입장에서 본 누리호 성공의 기록물로 볼 수 있다. 우리나라 우주 로켓 개발사에 관심을 갖고 있는 많은 일반 독자와 차세대 우주발사체 개발을 꿈꾸는 미래의 우주공학도들에게 큰 도움이 되기를 희망한다.

이상철(한국항공대학교 항공우주 및 기계공학부 교수)

어렸을 때부터 무언가 만들어 내는 것을 좋아했고, 나중에 커서 과학자가 되겠다는 꿈을 갖고 있었다. 특히, 기계적인 구조물에 대해 관심이 많았고 손재주가 있다는 소리도 들었으며, 초등학교 시절에는 고무동력 비행기를 잘 만들어 상을 받기도 했다.

사실, 우주에 대한 동경과 로켓에 대한 꿈을 갖게 된 계기는 대학에 진학한 이후였다. 대학 1학년 동안은 기계 계열로 공부하며 다양한 시스템에 대해 접할 수 있는 기회가 있었고, 본격적으로 항공기와 로켓에 대한 흥미를 느끼게 된 것은 항공공학과를 선택한 2학년 때부터였다.

한국의 초기 로켓 개발은 정부 주도로 시작했으나 50년대 말부터 인하대학교(당시 인하공과대학)를 중심으로 한 민간 연구로 넘어갔다. 당시 우리나라 로켓 개발의 선두 대학이었던 인하대학교는 1960년에 자체 기술 로켓인 IITO-1A, IITO-2A를 발사했고, 개교 10주년인 1964년에는 성능이 향상된 IITA-7CR을 발사하고 기념으로 그 모형을 지금까지 캠퍼스에 전시하고 있다. 재학 당시 항공공학관 앞 잔디밭과 로켓 모형 주변은 우리 항공과 80학번 동기들이 우주에 대한 꿈을 키우던 장소였다.

석사를 마치고 지도교수님의 추천으로 정부출연 연구소에 들어온 이후 지금까지 36년 동안 줄곧 우주발사체 추진기관을 개발하는 외길만 걸어왔으며, 1993년 고체 추진기관인 과학관측 로켓 'KSR-I' 발사를 시작으로 지난해 6월 '누리호' 2차 발사까지 11번의 로켓 발사를 경험하였다.

'누리호' 2차 발사 성공 후 2개월 정도 지났을 때 RHK의 편집자로부터 집필에 대한 제안을 받았을 때만 해도 더럭 겁이 났다. 공대생으로서 다소 삭막할 수 있는 대학 생활을 만회해볼 요령으로 선택한 시문학회 동아리 활동에서 시를 몇 편 습작해본 것이 고작인 나는, 책을 써보겠다는 생각은 꿈에도 해 본 적이 없었다. 많은 망설임 끝에 어찌 보면 나의 경험을 기록하고 정리할 수 있는 좋은 기회라는 생각이 들었으며, 결국 용기를 내어 기억을 더듬으며 한 줄씩 써내려갈 수 있었다.

한국형발사체 '누리호'는 설계, 제작, 시험 및 발사 운용에 이르는 모든 전주기 과정을 우리 기술로 개발해 내고 성공시킨 우리의 토종 우주발사체이다. 오늘날 우리나라가 독자적인 우주발사체 기술을 확보하기까지는 수많은 시행착오와 개발과정에서의 실패가 밑거름이 되었다. 많은 어려움과 좌절을 극복하고 한 단계씩 문제를 해결하며 얻은 경험과 노력의 결과는 쌓이고 쌓여 우리의 실력이 되었고 마침내 성공할 수 있었다. 우리가 실패했을 때 격려해주고 다시 일어나 도전할 수 있도록 힘이 되어준 많은 분들이 있었기에 가능했다.

'누리호' 2차 발사를 성공하고 며칠 뒤 초등학생들이 직접 만들어 보내준 격려 사인북을 받았다. 나름대로 멋을 부려 예쁘게 꾸몄고 '고생하셨습니다', '감사합니다'라는 말이 가득 쓰여있었다. 초등학교 교사인 아들의 말에 의하면 발사 당일 학생들이 교실에 있는 TV 앞에 모여 발사 성공을 기원하고 기뻐해주었다고 한다. 연구원 홍보실로도 전국에서 많은 어린이들이 축하 사인북을 보내왔는데 '누리호' 발사가 많은 어린이들에게 우주에 대한 꿈을 키울 수 있는 계기가 되었으면 한다.

'누리호'는 시작일 뿐이다.

우주를 향한 더 큰 꿈과 관심을 갖고 있는 많은 이들에게 꿈을 실현할 수 있는 기회를 만들어 드리기 위해 우주에 대한 우리의 도전은 계속되어야 한다.

뒤에 남아 묵묵히 힘이 되어준 소중한 가족들에게 감사의 말씀을 드린다.

2023년 2월

오 승 협

대
한
민
국

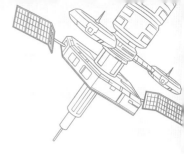

제3부
과학 로켓부터 누리호 발사까지

『누리호, 우주로 가는 길을 열다』는 과학관측용 고체 로켓 (KSR-I)부터 한국형발사체(KSLV-II) 누리호까지의 발사기를 정리한 책입니다.

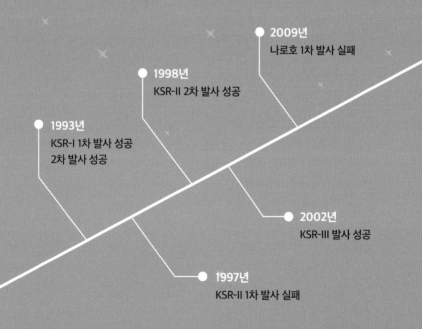

2009년
나로호 1차 발사 실패

1998년
KSR-II 2차 발사 성공

1993년
KSR-I 1차 발사 성공
2차 발사 성공

2002년
KSR-III 발사 성공

1997년
KSR-II 1차 발사 실패

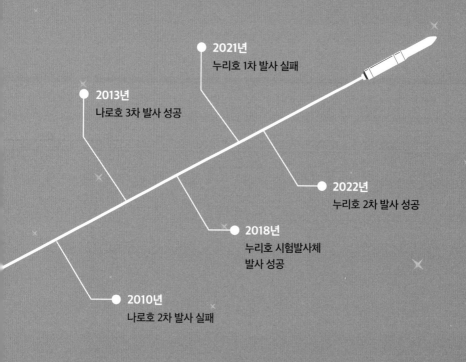

2021년
누리호 1차 발사 실패

2013년
나로호 3차 발사 성공

2022년
누리호 2차 발사 성공

2018년
누리호 시험발사체
발사 성공

2010년
나로호 2차 발사 실패

제1부

우주로
가는 길

긴장의 끈을
놓지 않고
마지막까지

"마지막까지 긴장의 끈을 놓지 않고 최선을 다하겠습니다. '누리호' 발사를 꼭 성공시켜 대한민국이 우주로 가는 길을 반드시 열겠습니다."

한국형발사체 '누리호' 2차 발사를 하루 앞 둔 2022년 6월 20일 오후 3시 반, 전라남도 외나로도에 있는 나로우주센터 과학관에 임시로 마련된 프레스센터에서 수많은 기자들과 카메

누리호,
우주로 가는 길을 열다

라 앞에 섰다. D-1, 발사 하루 전 진행된 발사 준비 작업 내용과 발사까지 추가로 진행해야 하는 기술적 점검 사항 등을 직접 설명하기 위한 자리였다.

8개월 전 2021년 10월 21일 '누리호'의 첫 비행시험인 1차 발사 때도 발사 하루 전 작업 내용을 브리핑하기 위해 같은 장소에서 기자들 앞에 선 적이 있었다. 당시에는 우리가 독자적으로 개발한 한국형발사체 '누리호'의 첫 발사시험이라 그런지 언론과 국민들의 관심도 대단했어서 지금보다도 훨씬 더 많은 기자들과 카메라가 있었던 것으로 기억된다. 프레스센터에서의 1차 언론브리핑 이후 지금까지 우리가 만들고 발사했었던 '과학 로켓' 시리즈와 러시아와의 공동개발로 2013년 1월 세 번째 도전 끝에 성공한 한국 최초 우주발사체인 '나로호'의 실물 크기 모형이 전시되어 있는 나로우주센터 과학관 앞 야외전시장에서 2차로 언론브리핑을 했었다. 당시는 조금 쌀쌀하게 느껴지는 10월의 가을 날씨였는데, 프레스센터 안에 다 들어오지 못할 정도로 많은 카메라와 기자들 때문에 긴장한 탓인지 다소 덥게 느껴졌었다.

"할 만큼 다 했다고 생각합니다. 내일 '누리호'의 첫 발사를 앞둔 지금의 심정은 '진인사대천명(盡人事待天命)'이라고나 할까요. 우리 연구진들 모두가 각자 할 일을 다한 만큼 하늘의 뜻을 기다리겠습니다." 1차 발사 때 기자들과 카메라 앞에서 드린 각오 말씀이었다. 그동안 10여 년 동안 개발해온 '누리호'의 첫 비행시험 도전이라 결코 쉽지는 않겠지만, 한편으로는 발사 성공에 대한 기대감도 있었고, 또한 완벽하게 위성발사체로서의 임무를 다하지 못하더라도 비행 과정 중 우리가 생각하는 중요한 이벤트들을 잘 수행할 수 있다면 그것만으로도 첫 비행시험의 커다란 성과라고 생각했다.

그동안의 개발 과정에서 많은 어려움과 예상하지 못한 일들이 있었으나, 나름대로 최선을 다했고 이제는 발사를 할 수 있다는 자신감으로 오늘까지 온 것이다. 말 그대로 이제는 하늘의 뜻에 따르겠다는 생각이었다. 그러나 우리들의 정성이 부족했는지 하늘이 길을 열어주지 않아 아쉽게도 1차 비행시험은 성공하지 못했다. 비행시험 준비가 다 되었다고 생각한 우리의 판단에 문제가 있었고, 우리가 몰랐던 무언가 1프로 부족한 것이 있었던 것이다.

완벽하게 성공하지 못한 '누리호' 1차 발사 이후 우리는 2달이 채 걸리지 않아 빠르게 비정상 비행에 대한 원인을 찾아냈다. 오로지 비행시험 중 통신장비를 통해 지상에서 얻어진 각종 데이터만으로 퍼즐 맞추듯이 비행 당시 상황을 유추하고 이상 현상을 추정하는 것은 결코 쉽지 않은 일이었다. 더군다나 발사체가 우주로 날아가고 눈앞에 없는데 말이다. 정말로 우리 연구원들의 실력은 대단했다.

사실 미국, 러시아, 유럽, 일본 등 우주 선진국들도 새롭게 개발하는 우주발사체인 경우 첫 비행시험에서의 발사 성공률은 20프로 내지 30프로 정도밖에 되지 않고 우주발사체 비행이 실패했을 때 그 원인을 찾아내고 재발하지 않도록 수정하는 데만 최소 1년 이상부터 수년씩 걸리는 경우가 대부분이다. 심지어는 끝까지 원인조차 밝혀내지 못하는 경우도 수두룩하다.

러시아와 공동으로 개발한 '나로호'의 경우도 2009년 8월 25일 1차 발사 실패 이후 10개월 뒤 2010년 6월 9일 2차 발사를 할 수 있었다. 더군다나 2차 발사 실패 원인은 명확하게 밝혀내지도 못하고 2년 7개월이나 지나서 2013년 1월 30일 세 번째 발사에서 성공할 수 있었다. 세계 최초로 '스푸트니크' 인공위성을 쏘아 올리고, 세계 최초 우주인 '유리 가가린'을 영웅으로 만든 콧대 높은 러시안 전문가들과 함께했음에도 말이다.

'누리호' 1차 비행시험 이후 밝혀낸 비정상 비행 원인에 대해 설계수정과 시험 등 기술적 보완 조치를 위해, 정상적으로 계획되어있던 당초 예정일보다 1달 정도 늦어진 6월 15일로 '누리호' 2차 발사 예정일을 확정하였다. 이후 모든 스케줄은 이날에 맞추어 짜여졌으며, 계획대로 진행이 잘 되어가고 있었다. 그러나 국민에게 약속했던 6월 15일 2차 발사일은 결국 또 지키지 못했다.

날씨와 기술적 문제로 인하여 2차례 다시 연기되어 '누리호'는 결국 6월 21일 2차 발사를 하게 되었다. 당초 예정일부터 며칠 동안은 연기된 이유와 어떻게 발사 준비를 다시 진행하는지 등의 내용으로 수많은 기자들과 전화 인터뷰를 해 온 상황이었다. 대부분 관심은 준비 과정의 어려움보다는 언제 다시 발사를 할 수 있느냐 하는 일정에 관한 것이었다. 물론 우주발사체는 마지막으로 발사와 비행 단계를 통해 성공 여부를 판단할 수 있으나, 개발단계의 어려움과 과정을 상세하게 전할 좋은 기회였다.

6월 20일 발사 하루 전, 나로우주센터 프레스센터에서 많은 기자들과 생방송으로 중계되는 카메라 앞에 다시 섰을 때 그 긴장감은 극에 달했다. "할 만큼 다 했다."라고 자신 있게 말씀드리고도 '누리호' 1차 비행시험을 완벽하게 성공하지 못한 죄송한 마음과 아쉬움이 컸기 때문이었던 것 같다. 심호흡을 계속하며 긴장을 풀은 뒤 2차 발사 예정일을 두 번씩 연기하게 된 이유와 다시 준비하는 기술적 과정을 설명했다. 이어서 발사 하루 전 진행된 D-1 작업 내용에 대해 시간대별로 브리핑하고, 점검 결과 아무런 문제 없이 계획대로 잘 진행되고 있다고 말했다. 작업 내용 브리핑이 끝나자마자 기자들의 질문이 쏟아졌다.

"비정상 비행으로 끝났던 '누리호' 1차 발사 이후, 밝혀진 기술적 문제에 대해 어떻게 조치했습니까?"

"이번 2차 발사에서의 재발 우려는 더 이상 없는 겁니까?"

"충분히 점검하고 확인해서 내일 발사를 위한 기술적 조치를 완벽하게 다 하였습니다. 앞으로 남은 오늘 작업 또한 순조롭게 진행될 것으로 예상합니다."

차분한 목소리로 자신 있게 대답했다.

사실 이날 아침부터 수행하고 있는 기술적 점검과정이 놀라울 정도로 완벽하게 진행되고 있었기 때문인지는 몰라도 언론브리핑을 하면서 점점 심장박동수도 정상으로 낮아지며 긴장도 풀려가고 있었다.

"우주발사체 발사는 발사 전 준비 과정에서뿐 아니라 비행 중에도 비정상 상황이 발생할 수는 있습니다. 하지만 최선을 다한 만큼 그 가능성은 매우 적습니다."라고 다시 한번 힘주어 이야기했다. 마지막으로 감사의 말을 전했다. '누리호'에 관심을 가지고 지켜봐 주시고 발사 성공을 기원해 주시는 모든 분들에게. 특히 2차 발사 과정을 국민에게 생생하게 전달하기 위해 현장에서 애쓰고 있는 언론 관계자분들과, '누리호' 발사 안전과 비상상황 시 발생할 수 있는 재난에 대응하기 위해 고생하는 수많은 유관기관 관계자분들에게 말이다.

언론브리핑을 마치고 다시 임무 수행을 위해 발사통제지휘소로 가면서 올려다본 하늘은 점점 구름이 걷히며 푸른 하늘이 나타나고 있었다.

내일 우리에게 우주로 가는 길을 열어주기 위해서인가….

변덕스러운
날씨 때문에

2022년 6월 15일 '누리호' 2차 발사를 위해
전날 6월 14일 아침 일찍부터 발사체 이송과
발사대에서의 점검 작업 등 D-1 발사 하루 전
작업이 진행되어야 한다.

일찌감치 발사 준비를 마친 '누리호'는 나로
우주센터 종합조립동 안에서 특별하게 제작된
특수 이송 차량에 실려 발사대로의 이동을 위
해 대기하고 있었다. '누리호'는 3단형으로 구

성된 액체 로켓 위성발사체로서 전체 길이가 47.2미터, 최대 직경은 3.5미터에 이른다.

일반적인 민간 항공기는 대기권 내의 공기가 있는 구간에서 운항하기 때문에 별도의 산화제가 필요 없다. 연료(항공유)만을 싣고 비행한다. 반면 위성을 우주 공간에 올리기 위한 우주발사체는 공기가 없는 지구 대기권 밖으로까지 비행해야 하기 때문에 연료뿐 아니라 산화제까지 같이 싣고 가야 한다. 우주발사체의 경우 '나로호'나 '누리호'처럼 액체 추진제를 사용하는 액체 추진 로켓과 고체 추진 로켓으로 구분할 수 있다. 고체 추진 로켓은 연료와 산화제 성분을 미리 섞어 고체 형태의 형상으로 만든 추진기관을 사용한다. 때문에 발사 시 추진제의 충전 과정이 별도로 필요하지 않고 불만 붙이면 바로 비행을 할 수 있다. 반면 액체 추진 로켓은 발사 직전 발사장에서 연료와 산화제를 충전하는 작업이 필요하다. 마치 우리가 자동차에 연료를 넣기 위해 주유소에 가는 것처럼 말이다.

우리가 독자 개발한 75톤급 액체 로켓 엔진을 사용하는 '누리호'는 추진제로 사용되는 연료(케로신)와 산화제(액체산소) 및 헬륨, 질소가스 등이 발사대에 세워진 후 충전되기 때문에, 특수 이송 차량에 실려 발사대로 이송될 때 '누리호' 무게는 20톤 정도이다. 발사대까지 1.5킬로미터 정도의 경사진 도로를 따라 '누리호'를 안전하게 이송하기 위해 특별하게 제작된 40개의 대형 바퀴가 달린 특수 이송 차량 두 대가 사용된다. 보통 승용차를 운전할 수 있는 일반인이 15미터 대형 트레일러를 운전하는 것도 결코 쉽지 않은데, 앞과 뒤의 특수차량까지 거리는 50미터가 넘는 데다 앞뒤 두 대의 특수 이송 차량을 동기화 시켜 운전하는 것은 정말로 어려운 일이다.

특수 이송 차량은 이동 중 발생할 수 있는 진동과 충격을 최소화하고 최대한 조심해서 경사로를 오르기 위해 사람이 천천히 걸어가는 정도인 시속 1.5킬로미터 정도 속도로 움직인다. 사전에 반복된 이송 작업 연습을 통해 충분히 숙달된 이송 전담팀이 이송을 맡으며, 이송 시 안전을 위해 발사체 안전팀과 경비 인력들이 앞뒤로 에스코트를 맡는다. 무엇보다도 이송 과정에서 발사체에 주는 충격과 영향을 최소화하고, 최대한 안전하게 이송해야 하기 때문에, 안전에 영향을 줄 수 있는 당일 날씨에 대한 고려가 꼭 필요하다. 만약 비가 오면 타이어가 미끄러지며 '누리호'에 충격을 줄 수도 있기 때문이다.

'누리호'는 종합조립동에서의 총 조립 과정과 발사대로의 이송 과정 중에는 수평으로 눕혀져 있다. 발사장에 도착한 후 제일 먼저 옆으로 누워 있는 '누리호'를 수직으로 세우게 되는데, 발사장 바닥에 설치되어 있는 대형 유압실린더로 밀어 올린다. 1시간이 채 걸리지 않아 수평에서 수직으로 세워진 '누리호'를 발사장 바닥에 있는 고정장치로 잡아주면 1단계 기립 작업이 마무리된다.

이제부터 발사장에 세워져 있는 48미터 높이의 서비스타워로부터 각각의 단 별로 펼쳐지는 4개의 엄빌리컬 연결 장치와, 발사패드 바닥의 연결 장치를 수직으로 세워진 '누리호'와 결합하는 중요한 작업을 수행한다. 엄빌리컬 연결 장치는 소위 '탯줄'이라고 표현할 수 있는데, 발사 준비단계부터 지상 장비와 발사체를 연결하고 있다가 이륙하는 순간 분리되도록 되어 있다. 마치 태아가 엄마 배 속에서 무럭무럭 자라나는 동안 영양분을 공급받는 통로 역할을 하다가 태어나는 순간 탯줄을 자르는 것과도 같은 역할이다.

위성발사체는 교통수단인 것이다. 승객은 위성이고 발사장에서 발사되어 우주로 갈 때까지의 우주여행 기간 동안

'누리호'의 승객에게 쾌적한 실내 환경을 만들어 주기 위해, 위성이 타고 있는 공간에 공기청정기능이 포함된 시원한 에어컨 바람을 공급해야 한다. 바로 제일 위에 연결된 탯줄인 위성 페이로드 공조 엄빌리컬을 이용해서 말이다.

'누리호'는 3단으로 구성되어 있다. 발사장에서 우주로 날아오르기 위해서는 발사대에서 이륙하는 순간 가장 큰 힘이 필요하다. 지금은 거의 찾아볼 수 없지만, 예전에는 자동차 시동이 걸리지 않을 때 사람들이 자동차를 밀면서 시동이 걸리도록 하곤 했었다. 평지에서 사이드브레이크가 풀려있는 자동차를 사람이 밀 때 처음 움직이기 시작하는 순간이 가장 힘이 든다. 일단 움직이기 시작하면 탄력을 받아 쉽게 더 밀 수 있다. 그래서 '누리호' 1단은 우리가 독자 개발한 75톤급 액체 로켓 엔진 4개를 묶어 300톤의 추력을 내도록 설계하였고, 2단은 75톤급, 3단은 7톤급으로 줄어든다.

'누리호'의 각 단에 우주여행을 위한 연료를 넣어줘야 하는데 이때 필요한 각각의 탯줄이 또 연결되어야 한다. 자동차에 연료를 넣을 때는 연료 주입구에 틈이 좀 있어서 기화된 유증기가 빠져나와도 큰 문제가 없지만 '누리호'의 경우는 많이 다르다.

이렇게 상상해 보라. 주유소에 비유할 수 있는 발사장에 기름을 넣기 위해 '누리호'가 섰다. 주유소 직원이 주유배관에 비유할 수 있는 탯줄을 자동차 연료주입구에 기밀이 유지되도록 꽂아주고는 가버린다. 이제부터는 자동으로 진행된다. 연료로 비유할 수 있는 추진제가 가득 차면 자동으로 연료 공급이 중단되고, 자동차(누리호)가 출발하는 순간 자동으로 연료주입구로부터 주유배관(탯줄)이 빠지고 연료통 마개가 닫힌다. 이러한 기능을 하는 '탯줄'인 유공압 엄빌리컬은 영하 183도 이하의 극저온 액체산소와 고압의 가스, 연료 등을 발사 직전까지 기밀을 유지하며 '누리호'의 각 단에 공급함과 동시에 발사 순간 발사체로부터 동시에 모두 분리되어야 하는 매우 정밀한 작동성이 요구되는 장치다. 더군다나 '누리호' 이륙과 동시에 분리되도록 하기 위해서 화약류의 폭발 볼트가 사용되기 때문에 매우 조심해야 하는 작업이기도 하다.

나로우주센터 발사장은 전라남도 고흥군 봉래면 외나로도 최고봉 봉래산 중턱을 깎아 해발 고도 130미터에 만들어져 있다. 바람이 전혀 없는 아주 화창한 좋은 날씨에도 48미터 높이의 서비스타워에서 뻗어져 나와 있는 서비스 플랫폼에 올라서면 오줌을 지릴 정도의 오싹함에 안전 손잡이를 잡고도 발걸음을 옮기기가 쉽지 않다. 하물며 고도의 정밀성과 집중성이 요구되는 '누리호'와 엄빌리컬을 연결하는 고난도 작업은 매우 위험한 작업이다. 남해안 해안가 특성상 바닷바람이 평소에도 순간적인 돌풍으로 부는 경우가 많은데, 당초 D-1 발사 하루 전 작업이 예정되어 있는 6월 14일에는 순간 초속 25미터 이상의 돌풍과 함께 우천이 예보되어 있었다. 높은 고소 작업의 특성상 작업자의 안전을 최우선적으로 고려하여야 하는데, 비가 내리는 상황에 더해 작업자의 몸이 흔들릴 수 있는 정도의 순간적인 돌풍이 예상되는 극한의 환경에서는 완벽을 위한 고난도 작업은커녕 임무를 수행해야 하는 작업자의 안전조차 보장할 수 없는 상황이었다.

6월 15일 '누리호' 2차 발사를 하겠다는 대국민 약속을 지키기 위해서는 악천후가 예보된 기상 상황에서의 발사체 이송 및 발사대에서의 기립 등 작업을 강행해야만 한다. 이른 아침부터 발사 하루 전 작업이 시작되기 때문에 보통은 전날 저녁 회의에서 발사 준비 상황과 기상 상황 등을 고려해 진행 여부를 결정한다. 우리는 혹시라도 밤사이 날씨가 좋아지지는 않을까 하는 한 가닥 희망을 버리지 않고 있었다.

"기상예보의 불확실성과 변동 가능성이 워낙 크니 내일 아침까지는 날씨가 좋아질 수도 있지 않는가. 오늘 일기예보만 보고 내일 작업을 하지 않기로 결정했다가, 혹시라도 내일 아침 날씨가 좋아지면…."

"일기예보와는 달리 밤사이에 날씨가 좋아질 수도 있으니, 내일 업무수행을 위한 작업 준비는 계획대로 하자. 다만, 작업 진행 여부는 내일 새벽 추가 회의를 열어서 그때 날씨를 보고 최종 결정하자."

기상청에 있는 분들에게는 미안하지만 일기예보가 바뀌기를 기대하면서 결정을 미뤘고, 결과적으로 작업자들에게 번거롭게 작업 준비만 시킨 꼴이 되어 미안한 마음이 들었다.

결국 우리는 당일 아침 일기예보대로 강한 비바람이 부는 모습을 눈으로 확인하고 나서야, 발사체 종합조립동으로부터 발사대로의 '누리호' 이송과 발사대에 수직으로 세우는 발사 하루 전 작업을 하루 연기하기로 결정하였다.

현장에서의 실무 작업자들의 안전을 최우선으로 고려한 판단이었고, 이렇게 하는 것이 보다 더 완벽한 작업을 보장

할 수 있어 발사 성공 확률을 더 높일 수 있다고 믿었기 때
문이다.

결정적인
센서 오류 문제로
또다시

하루 연기된 발사 일정으로 인해 6월 15일, D-1 발사 하루 전 작업을 시작했다. 다행히도 '누리호' 이송과 발사대에서의 기립작업을 진행하는 데 날씨는 더 이상 문제가 되지 않았다. 내일까지 하루만 더 날씨가 도와준다면 이번 2차 발사는 꼭 성공할 수 있을 것 같았다. 발사체 종합조립동에서 발사장으로 '누리호'를 이송하고 수직으로 세우는 작업과, 발사장에서 서비스타워와의 엄빌리컬 컨넥터 등을 연결하고 각종 시험을 수행하기 위해서는 아침 일찍부터 일정을 시작해야 한다.

이른 시각이라 입맛이 없어 아침을 거르고 발사통제지휘소 자리에 앉았다. 발사 준비 업무를 위해 모여든 옆자리 동료들도 간단한 눈인사만 나눌 뿐, 모두들 긴장한 탓에 아무 말이 없었다. 오늘과 내일 이틀 동안은 이곳 발사통제지휘소에서 각자 맡은 임무를 수행하게 된다.

아침 7시가 되자 발사통제지휘소 앞의 대형 스크린에 종합조립동에서 이송 대기 중인 '누리호'가 위용을 드러냈다. 이제 곧 '누리호'의 이송이 시작된다. 이때 마음속으로 간절하게 빌었다.

'지금 종합조립동을 떠나 얌전하게 말썽 피우지 말고 발사대에 가 있다가 내일 성공적으로 발사되어 다시는 보지 말자.'

'나로호' 때도 그렇고 '누리호' 1차 발사 때도 발사를 위해 종합조립동을 한번 떠난 뒤 다시 돌아오는 경우는 기술적인 문제가 생겨서 발사가 취소되는 상황이기 때문이다.

이제부터는 긴장의 연속이다. 혹시라도 발생할 수 있는

예상치 못한 비상 상황에 대비해, 최고로 긴장된 상태를 유지하며 모든 신경을 스크린을 보는 눈과 헤드셋 소리를 듣는 귀에 집중해야 한다. 나로우주센터 발사장 주변에 설치되어 있는 수많은 CCTV를 통해 현장에서 작업하고 있는 모든 상황을 눈으로 확인하고, 콘퍼런스를 통해 통제원과 현장 책임자 간 주고받는 업무 진행 상황을 체크하고 있었다. 평소에 수많은 연습을 실전처럼 해온 탓인지 일사불란하게 움직여 한 치의 착오도 없이 차분하게 각자의 역할들을 수행중이다. 예정된 시나리오 순서대로 한 단계씩 넘어갈 때마다 진행시간을 확인하고 참았던 숨을 내쉬었다.

'좋아! 좋아! 다음도 다 잘 될 거야'라고 마음속으로 외치고 있었다. 그리고 누구에게인지 모르지만 '감사합니다!' 말씀을 드렸다.

'누리호'를 종합조립동으로부터 발사대로 안전하게 이송하고, 수직으로 세우는 1단계 작업이 마무리되었다. '누리호'가 발사를 위해 발사대에 우뚝 섰다. 이렇게 D-1 발사 하루 전 오전 작업이 순조롭게 끝났다.

다소 긴장이 풀려 여유를 찾은 상태에서 교대로 점심식사를 한 후 커피 한잔을 마시고 다시 발사통제지휘소 자리에 앉았다.

지금부터가 진짜다. 종합조립동에서 최종 점검을 다 마쳤으나, 발사장에서 '누리호'가 우주로 날아오를 준비가 되어 있는지 마지막 점검을 시작해야 한다. 가장 먼저 '누리호'의 신경계통이라 할 수 있는 전기적 점검을 시작한다. 사람으로 치면 온몸에 퍼져 있는 신경이 정상적으로 살아있는지 확인하는 것이다. 특히 '누리호' 발사 때 필요한 각종 배터리들의 상태를 체크하고, 발사 준비 단계와 비행 과정에서 '누리호'의 건강 상태를 파악하고 정상 유무를 판단하기 위한 각종 센서류 등의 점검을 한다. 그다음에 '누리호'가 우주로 날아오르기 위해 필요한 연료 등을 주유하기 위해 추진제와 각종 가스류를 공급하는 '탯줄'인 유공압 엄빌리컬을 연결한다.

발사관제센터 내부의 통제원들이 바빠지기 시작했다. '누리호' 전기체 점검책임자의 작업 지시에 따라 시나리오대로 명령을 주고받으며 상태를 확인한다.

해당 업무 담당자인 전기점검책임자의 표현에 의하면 소위 원격으로 발사대에 서 있는 '누리호'와의 대화를 시작한다고 한다.

"A 나와라. 음, 살아 있군. 상태는 어떤가? 그래 다음 대화를 할 때까지 컨디션 잘 유지하고 다시 보자! B 나와라. 너는 별다른 문제는 없나? 그 상태를 유지할 수 있나?"

실제로 대화하는 것이 아니라 점검하는 과정 과정에 각각의 센서가 표시하는 수치나 상태 등을 모니터로 확인하는 과정일 테다. 아마도 우리 연구원들 모두 각자 자기가 담당하고 있는 하드웨어와 이렇게 교감하고 있으리라.

발사통제지휘소 대형 모니터로 보이는 발사관제센터 안에서는 '누리호'에 대한 전기적 점검 작업이 한창 진행되고 있었다. 이때, 발사장에서 발사 전까지 '누리호' 상태를 점검하고, 발사장 지상 설비를 운용하는 발사관제센터 내부에서 무언가 이상한 움직임이 보였다.

일반적으로 발사 준비를 진행하는 동안 특별한 문제가 발생하지 않고 정상적으로 진행이 잘되면 발사관제센터 내부 통제원들의 움직임이 거의 없어야 한다. 각자의 콘솔에 앉아 모니터로 상태를 확인하고 콘퍼런스를 통해 결과를 보고한다. 발사 운용에 집중하기 위해 가급적 자리 이동이나 불필요한 움직임을 최소화한다.

몇 명의 통제원들이 전기점검책임자 콘솔로 모여드는 모습이 보였다. 순간 '뭔가 문제가 있구나'라는 생각이 들었고 예감은 적중했다.

'누리호'가 검증위성을 목표궤도에 성공적으로 투입시키기 위해서는 각각의 단에 정확하게 계산된 추진제를 실어야만 한다. 마치 자동차를 운전할 때 항상 연료를 가득 넣고 다니면 그만큼 무게가 늘어 연비가 좋지 않고, 너무 모자라게 넣으면 기름이 떨어져서 멈춰버리듯이 말이다.

'누리호'가 비행할 때는 사용되지 않지만 비행 전 발사대에서 각각의 단에 추진제를 충전할 때 정확한 양을 확인하기 위해 추진제 탱크 안의 수위를 계측하는 센서가 사용된다. 문제가 발생한 센서는 발사 당일 '누리호' 이륙 직전까지 1단 산화제 탱크에 정확한 양의 액체산소를 충전하기 위해 반드시 필요한 것이다.

1시간 정도 계속 진행된 발사체 전기체 전기적 점검 과정 내내 이상이 감지되었던 이 센서는 우리들의 기대를 저버리고 다시 살아나지 않았다. 이대로는 다음 과정을 진행할 수가 없다.

발사를 연기하지 않고 예정대로 진행하기 위해서는 센서 문제를 발사대 현장에서 어떻게든 해결해야만 한다. 일단 '누리호'를 다시 수평으로 눕히지 않고 발생한 문제를 해결하기 위해 현장 실무자들이 머리를 짜냈다. 고소작업대를 이용해 15미터 정도 높이에 있는 센서를 점검해 보려고 했으나, 밑으로 20여 미터 깊이의 화염 유도가 뻥 뚫려 있는 허공에서는 접근 자체가 불가능하다.

결국 발사를 취소하고 '누리호'를 발사체 종합조립동으로 다시 이송하기로 결정할 수밖에 없었다. 일단 종합조립동으로 내려오게 되면 아무리 빨리 다시 발사 준비를 한다고 해도 주말을 넘길 수밖에 없다. 변덕스러운 날씨 때문에 하루 발사를 연기한 뒤, 하루 만에 또다시 발사대에서의 '누리호' 기능점검 과정에서 발생한 중요한 센서의 오작동으로 인하여 두 번째 발사를 연기하게 된 것이다.

아침 일찍 종합조립동을 출발한 지 15시간 만에 어두운 밤길을 힘겹게 돌아내려와, 다시 환하게 불 밝혀진 발사체 종합조립동으로 들어가는 '누리호'의 뒷모습이 그렇게 처량해 보일 수가 없었다.

지금도 다시 떠올리기 싫은 기억이다.

피를
말리는 시간

다음 날 아침 종합조립동에 다시 눕혀진 '누
리호' 주변에 연구원들이 모여들었다. 밤새 잠
들을 설쳤는지 피곤한 얼굴들이다. 우주로 날
아오르지 못하고 어제저녁 늦게 다시 돌아온
'누리호'를 생각하면, 앞으로 어떤 일이 일어날
지 걱정이 태산이었다.

이때만 해도 문제 된 센서의 오작동 원인이
무엇인지, 기술적 조치를 어떻게 해야 할지,

문제를 해결하는데 어느 정도 추가 일정이 필요할지 알 수 없는 상황이었다. 이제부터 우리 연구원들은 시간과의 싸움을 하며 정신없는 하루하루를 보내게 된다.

우선 제일 먼저 할 일은 완벽하게 점검을 마치고 우주로 날아갈 준비가 다 되었다고 판단되어 종합조립동에서 내보냈던 '누리호'의 하드웨어에서 발생한 기술적 문제를 진단하는 것이다. '누리호' 센서의 오작동이 왜 발생하였고, 이 문제를 해결하는 방법은 무엇인지와, 우리가 내린 판단이 과연 맞는 것인지 어떻게 확인할 것인가 하는 문제였다.

하지만 위기가 왔을 때 누가 뭐라 이야기하지 않아도 각자 자기가 맡은 전문 분야에 대해 정확한 판단과 신속한 조치를 할 수 있는 능력을 우리는 갖고 있었다. 우리 연구원들의 뛰어난 문제 해결 능력이 빛을 발하는 순간이었다.

오작동 센서의 문제를 파악하기 위해 우선 기체 표면에 만들어 놓은 화장실 창문 크기 정도의 작은 점검창을 통해 '누리호' 내부로 사람이 들어가야 한다. 보통 체구의 실무 작업자가 작은 창으로 기어들어 가는 것도 쉽지 않으나, 기체 안에서의 움직임 또한 매우 제한적일 수밖에 없다. '누리호' 기체 내부에는 각종 전기장비와 배선들, 복잡하게 얽혀져 있는 유공압 배관들로 인해 발 디딜 틈조차 찾기가 쉽지 않다. 어둡고 좁은 내부 공간에서 랜턴 불빛에 의지하며 작업공구를 사용해야 하고, 다른 부품들을 건드리지 않도록 조심조심 신경 써 가며 움직여야 하는 매우 어려운 일이다.

점심을 컵라면으로 때우고 땀 흘리며 말없이 기본 점검과 확인 작업을 진행하던 실무자들이 갑자기 바쁘게 움직였다. 추가로 여러 점검 장비를 연결해 반복적인 시험을 진행하던 연구원의 눈빛이 갑자기 빛났다. 곧이어 종합조립동에서 작업을 총괄하던 실무 책임자의 목소리가 들렸다.

"나이스! 좋았어. 센서 하드웨어 전체를 다 바꾸지 않아도 되겠다! 문제의 센서가 비정상적인 작동을 한 원인은 아직 모르겠으나 센서의 전기계통이 고장 난 게 확실해!"

여기저기서 안도의 한숨 소리가 들렸다. 이는 곧 문제의 부품을 교체하는 데 1단과 2단을 분리하지 않아도 되고, 그렇게 되면 다시 발사를 위해 '누리호'를 발사대에 세우는 데 며칠밖에 걸리지 않는다는 것을 의미하기 때문이다. 사실 어젯밤에 '누리호'가 발사대에서 종합조립동으로 내려왔을 때만 해도, 다시 점검을 마치고 2차 발사를 하는 데 몇 주에서 최악의 경우 몇 달까지도 더 걸릴 수 있다고 보았다. '누리호' 조립과정의 역순으로 진행되는 단 분리작업은 위험한 화약류의 폭발 볼트들을 다시 풀어야 되고, 1단과 2단의 모든 연결부위를 재점검해야 하기 때문이다.

밤새도록 총조립을 맡고 있는 실무자들은 역순으로 1단과 2단의 분리 작업을 어떻게 신속하게 진행할 수 있을지 고민하였고, 문제의 센서를 우리와 함께 개발한 국내업체 실무자들은 새벽같이 나로우주센터에 도착해 있었다. 센서의 전기 계통 부품을 정상기능을 하는 새것으로 바꾸고 하나부터 열까지 다시 점검을 시작했다. '누리호'의 비행시험 준비가 다 되었다고 판단한 지난번 우리의 결정에 결국 문제가 있었던 만큼, 이번에는 같은 실수를 다시 하지 않기 위해 반복적인 점검과 확인을 계속했다. '도둑이 제 발 저린다'라고나 할까…. 이번 기회에 '누리호' 전체에 대한 전기체 전기점검을 다시 했다.

마지막으로 '누리호'의 점검창을 닫았다. 마치 자동차 정비소에서 엔진 정비를 다 끝내고 '이제는 시동이 잘 걸릴 거야'라는 심정으로 자동차 후드를 닫듯이 말이다.

처음에 걱정한 것과는 다르게 기술적 문제를 찾아내고 해결하는 데만 이틀이 채 걸리지 않았다. 하지만 그 이틀이 담당 센서를 만들었던 연구원과 업체 담당자에게는 다시 기억하기조차 싫은 피를 말리는 시간이었을 것이다. 기술적으로는 개발 과정에 문제가 발생하는 경우와 별반 차이는 없으나, 이번같이 모든 관심이 집중되고 특히 발사를 연기하게 되는 결정적인 원인 제공자(?)가 된 심정은 당해보지 않은 사람은 모를 것이다.

"머리가 하얘지고 정말 아무 생각도 안 났어요…."

"당장은 어디든 도망가고 싶었는데… xx!"

나중에는 '이까짓 거 하나 해결하지 못할 거 뭐 있나' 싶은 오기가 생기더라고 했다. 업체 담당자는 '다시는 이 일 안 하겠다'고 까지 했단다.

미래를
볼 수 있다면

이제 기술 외적인 문제가 남아 있었다. 다시 '누리호' 비행시험을 준비하는 데 필요한 소요 일정과 기상 상황 등 여러 외부 요인을 고려해 언제 다시 발사를 할 수 있을지 결정해야 했다. 다행히도 이틀 만에 고장 난 센서를 교체한 우리는 며칠 내로 다시 비행시험을 할 수 있다고 판단했으나, 이번에는 주말과 날씨가 변수가 되어 우리의 발목을 잡았다.

센서 문제로 두 번째 발사 연기를 결정했을 때만 해도 기술적 문제를 해결하는 데 얼마나 걸릴지 알 수가 없었다. 기상 예보 또한 주말부터 많은 비를 예측하면서도, 이 또한 불확실성이 매우 커 급격하게 변할 수 있다는 기상전문가들의 의견이 있었다.

사실 발사 예정일을 앞두고 일반적으로 2주 내지 3주 동안 우리 연구원들과 참여기업 인력들 대부분은 주말에도 집에 가지 못하고 발사장에서 근무하고 있었다. 두 번째 다시 연기된 발사 일정이 아직 확정되지 않은 상황에서 일부 인원들은 재충전을 위해 주말을 이용해 집으로 돌아가고 있었다. 또한 성공적인 '누리호' 발사를 위한 안전 통제와 비상시 재난 대응을 위해 같이 참여하고 고생하고 있는 수많은 관련 유관기관분들과, '누리호' 2차 발사를 생생하게 국민에게 전달하기 위해 현장에 있는 언론 관계자들을 생각하면, 하루라도 빨리 발사 가능 날짜를 확정해야만 했다.

처음 계획한 '누리호' 2차 발사 예정일은 6월 15일로, 발사 예비일은 6월 23일까지로 잡혀 있었다. 어떤 이유로든 이 기간 안에 발사하지 못하면 다시 계획을 잡아 국제기구에 일정 변경을 요청해야 하고, 이 경우 최소 한 달 이상의 '누리호' 발사 연기가 불가피하다. 우리가 어떻게든 발생한 문제를 현장에서 해결하고, 하루라도 빨리 발사 준비를 마치려고 애쓰는 이유이기도 하다.

나로우주센터 발사체 종합조립동 2층 회의실에서 우리의 운명을 결정짓는 중요한 판단을 하기 위한 마라톤 회의가 주말까지 이어졌다.

"혹시라도 모르는 또 다른 기술적 문제가 있을 수도 있으니, 이왕 종합조립동으로 내려온 김에 좀 더 점검해 보아야 하지 않는가?"

"예비일을 넘기더라도 시간에 쫓겨 너무 서두르지 말고 차분하게 검토해 보자."

"주말부터 다음 주 초반까지는 비가 예보되어 있다. 기상 상황도 나쁠 것 같으니, 확실하게 좋아질 때까지 종합조립동에서 기다리는 게 어떤가?"

"문제가 되었던 센서를 교체하여 성능이 제대로 나오는지 다 확인했다. '누리호' 전기체에 대해 기능점검도 추가로 더 수행해 아무런 문제가 없다고 판단된다."

"기상 상황도 급변할 수 있는 만큼 하루라도 좋을 때 발사장으로 이송해 놓고 날씨가 좋아지기를 기대해보자."

우리나라 기상청의 정식 일기예보뿐만 아니라 나로우주센터 자체 장비를 통한 기상 예측 자료, 주변국인 일본과 미국의 기상예보 자료까지 같이 비교하며 앞으로 며칠간 날씨를 예측해 보았다. 그러나 나로우주센터 기상 담당자와 기상청에서 지원 나와 있는 기상 전문가들조차도 자신 있게 미래의 날씨를 장담하지는 못했다.

일단 불확실성이 큰 날씨 변수를 배제하고 우리가 확신할 수 있는 기술적 점검 결과로만 판단하여 '누리호'는 2차 비행시험을 위한 준비가 다 되었다고 결론 내렸다. 우리가 미래를 볼 수는 없지만, 많은 비가 예보된 불확실성이 큰 날씨가 좋게 바뀌기를 기대하면서 2차 발사 예정일을 다시 확정하였다. 바로 6월 21일로!

대부분의 사람들이 '빠른 시일 안에 발사 일정을 다시 잡기가 어렵지 않을까? 아무리 빨리 준비한다고 해도 이번 예비일 안에 다시 발사하기는 어려울 것이다.'라고 생각하고 있었다. 또한 언론관계자들 입장에서는 재발사 일정이 불투명한 상황에서, 나로우주센터 현장에 임시로 설치한 언론사 방송부스를 철거할 것인지 계속 유지할 것인지에 대한 고민도 매우 컸을 것이다.

주말에 재충전을 위해 길을 나섰던 인원들은 집에는 가지도 못하고 길바닥에서 돌아 나로우주센터로 다시 왔다.

　　이후 매 시각마다 기상청 일기예보를 들여다보고 하늘을 올려다보며 날씨가 좋아지기를 마음속으로 간절하게 빌었다. 우리의 결정이 틀리지 않았기를….

끝날 때까지
끝난 게 아니다

지난 주말부터 D-1 어제까지 계속 이어진
긴장감 때문인지 거의 잠을 이루지 못하고 뒤
척이다가 새벽에 잠자리에서 일어나 앉았다.
기숙사 창밖으로 떠오르는 아침 해를 맞아 환
하게 빛나는 '누리호'가 발사대에 우뚝 서 있
는 모습이 보였다. 오늘 2차 발사가 성공적으
로 이루어지면 더는 볼 수 없어야 하기에, 마
지막 모습이 되기를 기원했다. 하늘도 우리의

성공을 염원하듯 예보와 달리 점점 맑은 날씨로 바뀌고 있었다.

'누리호'가 대지를 박차고 우주로 날아오르기를 기다리며 서 있는 발사장으로부터, 직선거리로 1.8킬로미터 떨어져 있는 발사통제동으로 발사 운용 요원들이 속속 모여들었다. 발사통제지휘소, 발사관제센터, 비행안전통제실, 비행추적 장비운용실 등 임무별로 구역이 나뉘어 있는 발사통제동은 '누리호'의 비행 전 준비단계부터 비행까지 모든 전 과정을 통제하고 총괄하는 핵심 건물이다. 또한 비상 상황 발생 시 긴급하게 현장에 투입되어 조치를 취하기 위해 대기하고 있는 비상 대기조까지 거의 200명이 넘는 인원이 담당 업무를 수행하게 된다.

아침 10시, 발사책임자의 차분하면서도 비장한 목소리가 콘퍼런스를 통해 전달되었다.

"지금 시각 10시 00분, '누리호' 2차 발사 운용을 시작하시오."

그동안 수많은 사전 연습을 통해 숙달된 발사 운용 요원들은 평소처럼 컴퓨터 모니터에 나타나는 상태를 주시하기 시작했다. 발사 당일 시나리오대로 일사불란하게 발사 준비

과정이 착착 진행되고 있었다. 어제저녁까지 확인된 '누리호' 상태는 매우 좋았다. 오전에 다시 한번 '누리호' 상태를 확인하고, 우주로 날아가기 위해 필요한 연료를 공급받을 준비가 되어 있는지 점검했다. 이어서 나로우주센터 발사장 주변의 안전을 확인한 다음 '누리호'에 연료를 채워 넣기 시작했다.

발사대에 수직으로 서서 발사를 기다리고 있는 '누리호'에는 제일 위 3단에 태극기가 그려져 있고, 그 아래 2단 산화제 탱크에 '대한민국', 1단 산화제 탱크에 '누리'라고 쓰여 있다.

발사 예정 시각을 1시간 반 정도 남겨놓고 발사통제지휘소 대형 스크린에 구름 한 점 없이 맑게 갠 하늘과 푸른 바다를 배경으로 발사대에 늠름하게 서 있는 '누리호'가 클로즈업됐다. 각 단별 추진제 탱크엔 비행에 필요한 만큼 정확한 양의 추진제가 채워지는데, 영하 183도 이하의 차가운 액체산소가 들어간 산화제 탱크 외벽에는 온도 차이로 인해 대기 중의 수증기가 얼어붙게 된다. '누리호' 제일 위에 그려져 있는 태극기만 선명하게 보이고, 1단과 2단에 쓰여 있는 '누리'와 '대한민국'은 산화제 탱크 외벽에 얼어붙은 하얀 얼음으로 인해 보이지 않는다. 푸른 하늘과 바다를 배경으로 서있는 '누리호'가 그렇게 멋있게 보인 적이 없었다.

'누리호'에 연료도 가득 채워졌고 지상 장비와의 통신 등 발사 전 모든 준비상태가 완료되었다. 나로우주센터 발사장 주변뿐 아니라 '누리호'가 날아가는 방향의 하늘과 바다 모두 안전이 확보되었다.

이제 발사 전 마지막 고비만 남았다. 발사 10분 전 '발사 전 자동 시퀀스'가 시작되기 직전이다. 엔진이 점화되기 전까지 10분 동안 마지막으로 '누리호'의 상태를 최종 점검하는 과정이다. 비행 성공 여부에 직접적인 영향을 주는 매우 중요한 단계별로 정상적인 설정 범위를 미리 컴퓨터에 입력해 놓고 자동으로 'go-nogo'를 판단해 진행한다. 발사 직전에는 아무리 숙달된 운용 요원이라 하더라도 매우 긴장된 상태이기 때문에, 잘못 판단하고 실수할 수 있는 휴먼에러 가능성을 최소화하기 위한 방법이다. 이 과정에서 한 단계라도 비정상 상태로 판단되면 자동으로 발사가 취소된다.

오후 4시 정각, 우리가 독자적으로 개발한 75톤급 액체로켓 엔진 4개로 구성된 1단이 점화되고, 4초 뒤 드디어 '누리호'가 날아올랐다.

'누리호' 표면에 얼어 붙어 있던 하얀 얼음들이 우수수 떨어지며, 마치 만화영화에서 용트림을 하며 하늘로 용이 날아오르듯이 움직이기 시작했다. 4개의 로켓 엔진에서 뿜어져 나오는 고온의 연소가스로부터 발사대를 보호하기 위해 화염 유도로에 초당 3톤의 냉각수가 뿌려지는데, 뜨거운 연소가스와 차가운 냉각수가 서로 섞여 수증기가 만들어지며 마치 하얀 구름처럼 퍼져나갔다.

이때 우주로 날아오르는 '누리호'에 마치 마술처럼 글자가 보이기 시작했다. 극저온의 액체산소가 채워진 산화제 탱크 표면에 얼어 붙어 있던 얼음이 떨어지면서 '누리호' 표면에 써놓은 '대한민국'과 '누리'가 다시 나타난 것이다. 그 아래로는 '누리호'를 같이 만들고 고생했던 관련 참여기업들의 로고가 그려져 있었다.

여기까지는 2021년 10월 21일 '누리호' 1차 발사 때와 같다. 이제 막 비행이 시작되었을 뿐이다. 끝날 때까지 끝난 게 아니다.

1차 발사 때의 아쉬웠던 기억이 떠올랐다. 이륙 과정이 정상적으로 진행되고, 1단과 2단이 분리될 때만 해도 거의 다 성공하는 듯했다. 우리들이 생각했던 '누리호'의 첫 비행시험 고비는 거의 다 넘겼고, 눈으로 보이는 가시적인 비행 상황도 정상적으로 보였기 때문이다. 위성모사체를 궤도에 투입시키기 위한 마지막 역할을 하는 3단이 작동하는 도중 무엇인가 이상하다는 감이 왔다. 발사통제지휘소 대형 스크린에 나타나는 '누리호' 비행 고도와 속도 등 중요한 데이터 값이 목푯값과 조금씩 차이가 나기 시작했다. 첫 발사에서 위성발사체 임무인 위성 분리까지의 전 과정은 완벽하게 진행되었으나, 3단 기능에 문제가 생겨 충분한 발사체 요구 성능을 내지 못했고, 결과적으로 위성모사체를 목표 궤도에 투입시키는 데 실패했다.

하지만 이번에는 달랐다. 모든 연구원이 숨죽이며 마지막 3단의 진행 과정을 지켜보고 있었다. 나로우주센터 발사대를 이륙해 목표 궤도에 성능검증위성과 위성모사체를 투입시키기까지 '누리호'는 16분 정도 비행을 한다. 뜨거운 물을 붓고 기다렸다가 컵라면 하나 먹을 정도의 시간이지만, 우리에게는 잔뜩 긴장하고 집중한 탓에 입이 바짝바짝 타들어가고 손에 땀이 나는 너무나 긴 시간이다. 나는 마른침을 계속해 삼키며 마음속으로 외치고 있었다.

'조금만 더 버티자. 제발! 제발!'

'국방부 시계는 그래도 간다!' 군대 다녀온 남자들은 다 아는 이야기다. '누리호' 비행이 잘되든 안 되든 상관없이 16분은 지나가기 마련이다.

"3단 엔진 정상 종료! 비행 정상! 검증위성 분리! 궤도투입 정상!…"

모니터를 바라보며 '누리호'의 2차 비행 성공을 어느 정도 확신했으나, 아나운서의 공식적인 방송 멘트가 나오는 순간 눈을 감아버렸다. 16분의 비행 과정 동안 눈을 부릅뜨고 대형스크린과 모니터를 번갈아 보느라 눈이 뻑뻑하기도 했으나, 순간 울컥하는 감정에 눈물이 핑 돌았기 때문이다. 드디어 여기저기서 박수 소리가 터져 나왔다. 감았던 눈을 다시 뜨고 웅크리고 있었던 가슴을 펴며 의자 등받이를 뒤로 제쳐 기지개를 켰다.

잠시 뒤 약간은 떨리는 듯한 목소리로 발사책임자가 외쳤다.

"'누리호' 2차 발사 종료! 임무 성공!"

누가 먼저라고 할 것 없이 모두 자리에서 일어나 옆 동료와 격한 포옹을 하며 서로 악수를 나누었다. 서로서로 등을 두들겨 주며 이야기했다.

"축하한다. 드디어 성공했다…."

"그동안 너무너무 고생 많았다…."

2022년 6월 21일 오후 4시, '누리호' 2차 발사는 이렇게 성공했다.

지금부터
시작이다

발사 성공의 기쁨을 느끼기에는 너무나 정신이 없었고 몸도 피곤했으나 얼굴에 미소가 떠올랐다. '누리호' 발사 성공 직후 발사통제지휘소에서 화상으로 연결된 대통령님의 축하 메시지가 있었고, 저녁에 나로우주센터 프레스센터에서 진행된 언론브리핑 등이 있었다. 여기까지 오는 과정은 결코 쉽지 않았으나 결과가 역시 중요하다는 것을 온몸으로 느꼈다.

2차 발사가 성공했기에 다행이지 만에 하나 실패했더라면….
지금 다시 생각해도 끔찍하다. '나로호'의 2번 발사 실패와
'누리호' 1차 발사 때를 떠올리면 말이다.

저녁 8시가 지나서야 기숙사 3층 공용주방에 사업책임자
를 포함해 몇 명 보직자들이 식당에 부탁해서 받아온 도시
락과 밑반찬을 안주 삼아 한잔하기 위해서 모였다. 서로의
술잔을 채워주며 이야기꽃을 피우다 보니 밥과 반찬은 그대
로 남고 빈 술병만 늘어났다. 성공 후 기분 좋게 마시는 술이
라 그런지 그렇게 취기가 오르지는 않았다. 그동안 계속된
긴장과 피로로 몸은 축 처졌지만 마음은 우리가 오늘 쏘아
올린 검증위성과 함께 700킬로미터 고도에서 우주를 날고
있는 듯했다. 어느 정도 술기운이 올라 분위기가 고조될 때
쯤 누군가가 '누리호' 발사 운용을 위해 단체로 입고 있던 티
셔츠를 벗었다. 우리 모두 티셔츠에 각자의 사인을 했다.

"우리는 하나다!"

"드디어 우리가 해냈다!"

기쁨의 외침과 함께. 2022년 6월 21일의 만찬은 라면으로
마무리했다.

이날 현장에서 기쁨을 함께하지 못한 연구원이 있었다.

한국형발사체개발사업본부에 소속되어 있는 연구원 어느 누구도 자기가 담당하고 있는 업무에 목숨 걸고 일하지 않은 사람은 아마 없을 것이다. '나로호'와 '누리호'를 위한 발사대 설비 설계과정부터 구축에 이르기까지, 또 발사 운용 시 발사장 현장에서 기계파트 업무를 총괄하던 한 열성연구원의 이야기를 잠깐 하자면 그는 시험 준비 과정에서 거의 매일 이어지는 현장 작업에 심한 허리 통증으로 짬짬이 맨바닥에 누워 있다가 작업을 다시 이어갔다. 몇 주간 버티다가 주말이 되어 대전 병원 응급실에 입원해 검사를 받던 중 척추 근육에 '황색 포도알균'이라는 바이러스가 침입해 염증을 일으켰다고 했다. 꼬박 3주를 입원해 항생제를 투여하는 치료 중에도 염증 수치가 꽤 높아서 쇼크가 와 위급한 상황이 올 수도 있었다. 당초 '누리호' 2차 발사 예정일이 6월 15일이었기에 6월 13일에는 무조건 퇴원하겠다고 우기니까, "아직 수치가 위험하긴 하지만, 당신 같은 사람 병원에 잡아두면 더 스트레스 받아 안 좋을 수 있으니 차라리 일터로 돌려보내는 게 낫다"고 담당 교수가 혀를 차며 허락해 줬단다. 그런데 막상 퇴원을 하고도 통증 때문에 움직일 수가 없었고 목발과 휠체어를 이용하고도 움직이기가 어려웠다.

다음 발사도 있으니 무리하지 말라는 선배와 동료들의 안부 전화에 처음에는 휠체어를 타고 발사통제동에서라도 역할을 하겠다고 고집을 부렸으나, 거동이 불편한 몸으로는 동료들에게 더 큰 누가될 것 같아 눈물을 머금고 고흥행을 포기할 수밖에 없었다. 6월 21일 동료들이 실시간으로 공유해 주는 현장 상황과 생중계되는 TV를 보며 침대에서 발사 성공을 간절히 빌었던 마음이 통했는지, 완벽한 '누리호' 발사 성공을 확인하는 순간 너무나 기뻐 자신도 모르게 눈물을 펑펑 쏟았다고 한다. 12년간의 대장정을 성공으로 마무리한 현장에 있지 못한 아쉬움보다는, 자기 없이도 거뜬히 성공한 선배, 동료들이 너무도 고마웠다며 그렇게 감사하고 행복할 수가 없었다고….

'누리호' 1차 발사 때 은퇴 후 미국에서 생활하고 계시던 지도교수님께서 격려의 글을 쓰셨었다. 이후 건강이 악화되어 2차 발사 성공을 보지 못하고 작고하셨는데, 이번에는 사모님께서 축하 편지를 보내주셨다.

'한국의 항공공학 발전에 남편, 아버지를 보내드리고 집에 남은 가족들에게 더 큰 박수를 보냅니다.'

그랬다. 우리들 뒤에는 묵묵히 힘이 되어준 너무나도 소중한 가족들이 있었다.

우리는 알고 있다. 지금부터가 시작이란 것을 말이다.

'산 넘어 산'이라고 지금까지도 어렵게 왔지만 이제 처음으로 한번 성공했을 뿐이다. 앞으로의 길은 멀고 더 험할 수도 있다. 새로운 도전을 하다 보면 넘지 못하고 큰 좌절을 맛볼 수도 있을 것이다. 그러나 우리는 앞으로 닥칠 어떠한 난관과 역경도 반드시 이겨내고 목표를 이룰 것이다.

이번에 그랬듯이 말이다.

제2부

순탄치 않은
여정

로켓을
만든다고?

1989년 10월 10일, 한국기계연구소 부설 항공우주연구소가 생긴 후 발사체 분야에서 본격적으로 시작한 로켓 연구는 1단형 과학관측용 로켓(KSR-I) 개발 사업이었다. 과학연구용 임무를 수행하기 위한 기초적인 로켓을 개발하기로 한 것이다. 로켓에 오존층 관측센서를 싣고 한반도 상공 오존층의 수직분포 상태를 측정하는 것이 임무였다.

고체 추진기관은 자주국방을 위한 유도무기 개발 차원에서 국방과학연구소(이하 국과연)에서 활발하게 연구하고 있었다. 고체 추진기관 시스템 설계, 고체 추진제 개발, 점화장치 개발, 노즐내열재 연구 분야뿐 아니라 하드웨어를 만들고 시험하는 전 과정이 세분화되어 있었다.

그 당시 내가 맡은 업무는 고체 추진기관을 개발하는 것이었는데, 그야말로 '맨땅에 헤딩'이었다. 실무 경험은커녕 대학원 과정에서 책으로만 배우고 외국 논문을 찾아본 것이 고작인데, 이제는 만들어서 비행까지 해내라니….

고체 추진기관의 성능 기본 설계를 위해 모눈종이에 연필로 그림을 그리는 것부터 시작했다. 대학교 때 사용했던 제도기 세트를 버리지 않고 갖고 있기를 참 잘했다. 그림을 그려 실측한 수치와 계산식을 통해 계산된 수치가 맞는지 확인하고 경우의 수를 통한 계산을 반복 해야 했다. 그러기 위해서는 컴퓨터 프로그램이 필요했는데 완벽하게 성능을 예측할 수 있는 정밀한 컴퓨터 프로그램을 확보할 수 없어서, 아주 기본적인 수식만을 갖고 계산 프로그램을 직접 짰다. 100프로 정확한 성능 예측까지는 하지 못해도 90프로 정도의 정확도는 갖는 프로그램이었다. 처음에는 어디가 꼬였던 건지 연습 삼아 프로그램을 돌리면 계산 결과는커녕 에러만 계속 나왔다. 하지만 세 달 동안 고생한 끝에 만족할 만한 계산 결과를 얻을 수 있는 프로그램이 드디어 완성되었다. 관련 분야에서 연구하고 있던 대학 동기가 도움을 주기도 했다. 물론 공짜는 아니었다. 다행히 술을 썩 좋아하지는 않던 친구라 술값이 많이 나오지는 않았다.

　고체 추진기관에 대한 기본 설계는 나 혼자서 어떻게든 해냈으나 실물을 만드는 것은 차원이 다른 이야기였다. 고체 추진기관 케이스를 만들 수 있는 업체를 찾기 위해 발품을 팔았다. 수소문 끝에 창원에 있는 방산업체를 국과연 전문가 분의 소개로 찾아갔다. 고체 추진기관 케이스를 만드는 데 필요한 특수강 용접과 열처리로 설비가 있는 곳이었다. 보안이 철저한 방산업체 특성상 공장에 들어서는 것조차 쉽지 않아 여러 장의 보안각서를 쓰고 30분 정도 기다리고 나서야 안내자를 따라 공장 안으로 들어설 수 있었다. 공장 앞마당에는 대형 크레인과 지게차가 분주히 움직이며 대형 철 구조물들을 옮기고 있었다. 회의실로 가는 길에 특수강 판재를 롤러로 둥글게 말아서 용접하고 이를 실린더 형태로 성형하는 장비와 열처리로 등 설비를 먼발치에서 볼 수 있었다.

담배 냄새에 절어 있는 가건물로 지어진 조그만 회의실에 마주 앉았다. '천문우주과학연구소 우주공학실 연구원 오승협'이라고 박힌 명함을 내밀자 질문이 시작되었다.

"어디에서 오셨다고요?"

"'천문우주'가 뭐 하는 곳이에요?"

"무슨 로켓을 만든다고요?"

"발사까지도 하는 거예요?"

마치 취조하는 듯한 질문과 말투에 무시당한다는 생각이 들어 기분이 좋지 않았다.

다음으로 찾아간 업체는 부산 사하공단에 있는 단열재를 만드는 공장이었다. 고체 추진기관은 고온고압의 화염으로부터 연소실과 노즐 구조물을 보호하기 위해 내열 단열재가 반드시 필요하다. 지금은 밀양에 매우 큰 규모로 확장하여 국내 굴지의 복합소재 단열섬유 등을 생산하고 있는 방산업체이다. 당시 회장님은 자수성가하고 도전적으로 사업을 확장해 온 매우 열정적인 분이었는데, 너무나도 흔쾌히 "원하는 것은 무엇이든 다 만들어 줄 수 있다."고 말했다. 드디어 문제 하나가 해결됐다 싶었는데, 실무 책임자들을 만나면서 '역시나 쉽게 되는 것은 하나도 없구나'라는 생각이 들었다.

국방과 관련된 유도무기를 만들고 있다는 현장은 보안을 핑계로 장비조차 보여주지 않았고, 제품 설계는 물론 제작공정도 비밀이라 우리에게 적용하는 것 또한 어렵다는 이야기뿐이었다.

1988년 7월 15일 천문우주과학연구소 시절 고체 추진기관을 만들기 위해 한국화약㈜(현 한화에어로스페이스㈜)와 '로켓모터 개발 협약체결'을 하였다. 당시 국과연에서 유도무기 개발을 위해 고체 추진제를 생산하던 시설 설비와 연구 인력을 한국화약㈜로 이관한 지 얼마 지나지 않았을 때이다. 공장장님을 비롯하여 관련 분야의 실무 경험이 풍부한 전문가들 덕분에 고체 추진기관이 만들어지는 과정과 고체 추진제에 대해 많이 배울 수 있었다. 부주의하면 언제라도 터질 수 있는 화약의 특수성 때문에 안전 문제에 대해 따끔하게 혼나 가면서 말이다. 이때 확실하게 배운 것이, 로켓을 만들면서 '안전'은 아무리 강조해도 지나치지 않다는 것이다. 그만큼 하나부터 열까지 '안전'이 기본이고 필수다. 이때의 우호적인 관계가 인연이 되어 지금도 몇 분과는 연락과 만남을 이어가고 있다.

당시 1단형 과학관측용 로켓(KSR-I) 개발 사업 예산 자체가 충분하지 않았고, 특히 고체 추진기관을 만들기 위한 치공구까지 모두 새롭게 만들기에는 턱없이 부족하였기 때문에 방산업체에 남아 있는 물건들을 활용하기로 하였다. 국방용 유도무기를 만들 때 사용하고 나서 더 이상 쓸모가 없어진 것들 중, 고체 추진기관 케이스를 만들기 위한 기계가공 치구와 열처리를 위한 보조 장비를 재사용했다. 또한 고체 추진제를 충전하고 성형하는 과정에 필수적인 장비 또한 창고에서 찾아 그대로 사용하기로 했다. 1단형 과학관측용 로켓(KSR-I)과 2단형 과학관측용 로켓(KSR-II)의 1단, 2단 고체 추진기관 직경이 42센티미터인 이유이다.

1단형 고체 추진기관은 '까치'라는 예명과 함께 KSR 420-S(직경 420밀리미터, 추력지속용 모터)라고 불렀고, 2단형 고체 추진기관의 1단은 '솔개'와 KSR 420-B(직경 420밀리미터, 추력보강용 모터)라고 불렀다. '까치'는 예로부터 귀한 인물이나 손님의 출현을 알리고, 설날 새벽에 가장 먼저 까치소리를 들으면 운수 대통이라 하여 길조로 여겨왔다고 한다. 불교 설화에 따르면 부처의 뜻을 전하는 행운을 상징한다고도 한다. 내가 처음 만든 추진기관이 많은 행운을 가져다주기를 바랐었다. '솔개'는 새롭게 태어난다는 의미도 있다고 한다. 과거 유도무기 치공구를 이용하였으나 새롭게 개발한 조성의 추진제를 사용해 새로운 고체 추진기관이 되었고, 연처럼 하늘 높이 날아오르기를 바랐었다.

너희가 만든
추진기관을
어떻게 믿어?

과학관측용 로켓의 고체 추진기관 케이스를 만들기 위해 외국으로부터 특수강 판재와 단조품을 수입해야 했다. 행정부서의 협조를 받아 외자구매절차를 처리했고, 국내 오퍼상을 통해 수입 절차를 진행했다. 다행히 외국 제조업체에 재고품이 남아 있어서 빠르게 선적을 할 수 있었고, 부산항 면세구역에서 제품에 대한 수입절차와 관세납부 등을 직접 처리하기 위해 부산행 기차에 몸을 실었다. 하루 이틀이면 통관절차가 마무리되어 다음날 면세창고로부터 물건을 빼내올 수 있다던 처음의 말과는 달리 검수 절차에 시간이 좀 필요하다고 이야기했다. 오랜만에 바닷바람도 쐴 겸 가벼운 마음으로 떠난 2박 3일 출장이 예상치 못한 수입절차 지연으로 길어져 부산항 앞 여관에서 1주일을 보냈다. 마지막 통관과정에서는 동행한 오퍼상으로부터 급행료가 좀 들었다는 이야기를 들었다. 문득 '연구원이 여기서 뭐 하는 짓인가?' 하는 자괴감도 들었으나, 내가 만들 물건을 직접 인수한다는 생각으로 애써 마음을 달랬다.

국과연 유도무기 개발 부서의 도움을 받아 과학관측용 로켓의 고체 추진기관 제작을 진행할 수 있었다. 관련 방위산업 업체들도 처음과는 달리 점차 협조적으로 바뀌었고, 방산용이 아닌 민수용 로켓을 개발한다는 점 때문인지 매우 적극적으로 도움을 주기 시작했다. 아마도 아무것도 모르는 신출내기 초짜 연구원이 열심히 뛰어다니며 무언가 해보겠다고 애쓰는 것이 무척이나 애처로워 보였던 것 같다.

부산항에서 실어 온 수입한 특수강 판재를 용접하고 열처리를 위해 창원 방산업체를 오가는 출장이 반복되었다. 주로 대중교통을 이용하여 지방을 오갔으나, 가끔은 제작 물품을 직접 싣고 화물트럭을 타고 가기도 했다. 지금은 고속도로도 생기고 도로 상황도 많이 좋아져서 지방에 있는 방산업체까지 가는 데 몇 시간 걸리지 않지만, 그 당시는 아침에 출발하면 저녁이 다 돼서야 도착할 수 있었다. 그러다 보니 이동하는 트럭 안에서 나이 드신 기사분께 인생에 대한 긴 설교를 듣기도 하였고 끼니도 이동하는 길에 식당을 찾아 해결할 수밖에 없었다. 트럭 기사분들은 그 당시 고속도로 휴게소가 아닌 간이 휴게소 주변의 허름한 시골 백반전문점을 많이 알고 있었는데, 그중 영동 부근에 있던 기사식당의 돼지불백 정식은 지금도 잊을 수 없는 정말 저렴하면서도 푸짐한 한 상차림이었다. 도로 사정이 좋아진 요즘은 이동시간이 짧아진 장점은 있으나, 출장길에 지역의 유명한 맛집에서 한 끼를 때울 수 있는 낭만은 없어진 것 같아 조금은 아쉽다.

복합 내열재를 이용한 노즐 설계도 점차 그럴듯한 모양을 나타내기 시작했다. 머릿속으로 그림을 그렸던 고체 추진기관 부품이 하나둘 물건으로 만들어져 나오기 시작하자, 이제는 이놈들이 제대로 기능을 할까 걱정되기 시작했다.

과학관측용 고체 추진기관 점화 과정은 정말 작은 불씨가 큰 산불이 되는 과정과 비슷하다고 할 수 있겠다. 굳이 단계로 따지자면 4단계의 과정을 거쳐 대형 고체 추진기관이 작동하는 것이다. 첫 단계는 유연도폭선에 전류를 흘려 발생하는 열에 의해 착화기에 불이 붙는 과정이고, 다음은 착화기에서 펠릿(pellet)이라 불리는 알약 크기의 추진제에 불을 옮겨 좀 더 큰 열에너지를 만들고, 그다음은 점화기 안에 있는 적은 양의 고체 추진제에 불이 붙게 되는 것이다. 점화기는 고체 추진기관이 불이 붙을 수 있는 충분한 수준의 압력과 열을 일정 시간 이상 발생시켜야 그 성능 요구 조건을 만족시키게 된다.

내가 처음 설계하고 만든 점화기가 과연 충분한 성능을 발휘할 수 있는지를 어떠한 시험 단계를 거쳐 확인할 것인지 처음에는 막막하기만 했었다. 결국, 하나부터 열까지 단계별로 일일이 다 확인할 수밖에 없었고, 나름대로 논리적인 시험 단계를 계획하고 시험조건과 시험방법을 고민하느라 머리에 쥐가 날 지경이었다. 하지만 어떻게든 시험을 통해 검증을 해야만 했기에, 아무도 가르쳐주지 않는 상황에서 참고할 만한 자료도 없이 말 그대로 겁 없이 도전을 했었다. 지금 생각해 보면 다소 지나치다 싶을 정도의 단계를 밟아서 검증시험을 진행했었지만, 그러한 과정이 경험이 되었고 이제는 나름대로의 노하우가 되었다.

고체 추진기관 노즐 내열재 제품 조립 및 검수 과정에서 3차원으로 조립되어 동심도가 맞게 조립되어야 하는 노즐목 부분에 눈으로 보기에 미세한 단차가 보이는 듯했다. 손전등을 비추어 보니 약간의 그림자가 생겼다. 마치 집 화장실 벽에 타일을 붙이는데 숙련되지 않은 작업자가 붙이면 단차가 져서 보기 흉하듯이 말이다. 눈에 보이는 조립 부분이 이런 식이면 조립되어 보이지 않는 속의 상태는 더 나쁘지 않을까 하는 걱정이 들었다. 한 손이 겨우 들어갈 정도의 공간으로 손을 넣어 확인해 보기로 했다. 손을 넣는 과정에서 노즐 목 부품에 스크래치를 낼 수 있기 때문에 손가락에 끼고 있던, 한 달도 채 되지 않은 결혼반지를 뺄 수밖에 없었다. 이후 출장을 다니면서 결혼반지를 뺐다 꼈다 하면 잃어버릴 수 있을 것 같아 신혼 초부터 지금까지 내 손가락에는 결혼반지가 없다. 진짜로 전혀 다른 뜻이 없다는 것을 고맙게도 집사람이 이해해 줬다.

가장 위험하고도 중요한 고체 추진제를 충전하는 과정이 시작됐다. 특수 믹서에서 고분자화합물인 고체 추진제를 혼

합한 뒤 모터 케이스에 진공 상태에서 추진제를 충전하게 된다. 어느 공정에서나 항상 폭발할 수 있는 위험성이 있기 때문에 특히 안전 수칙을 철저하게 지켜야만 한다. 이때부터는 거의 매일 관련 업체로 출퇴근을 했다. 방산업체를 출입할 때는 사전에 출입 신청을 해놓고 정문을 통과할 때마다 신분증을 맡기고 차량 출입증을 받아야만 했었는데 공장장님이 장기 차량 비표를 발급해 주었고 신분증도 교환 없이 출입할 수 있게 배려해 주었다. 마치 제2의 직장에 출근하는 기분이었다. 물론 화장실을 제외하고는 혼자 돌아다닐 수 없는 조금은 불편한 직장이지만 말이다.

현장에서의 모든 작업은 계획된 일정에 따라 고도로 숙련된 전문가들이 진행하였고, 나는 업체의 우리 사업 담당자 뒤를 그림자처럼 붙어 다니며 수많은 질문을 해댔었다. 나에게는 모든 작업공정이 너무나도 새로웠고 내가 설계한 고체 추진기관이 만들어지는 것이 매우 재미있었다.

내가 처음으로 설계한 고체 추진기관은 1단형 과학관측용 로켓(KSR-I)의 추진기관으로도 사용하고, 2단형 과학관측용 로켓(KSR-II)의 2단으로도 사용하도록 계획했었다. 각각의 임무에 적합하도록 고체 추진기관 내부 형상을 두 가지 형태로 설계하였는데, 이러한 성능 특성을 단계적으로 확인하기 위해 지상연소시험용 모터를 풀사이즈가 아닌 축소형으로 나누어서 제작하였다. 또한 처음에는 많은 지상연소시험을 수행하기 위해 모터 케이스를 두껍게 만들어서 반복해서 사용했다.

비행시험 전에 고체 추진기관의 성능을 확인하는 방법은 지상에서 점화시켜 연소시험을 하는 수밖에 없다. 고체 추진기관 지상연소시험장이 반드시 필요한 이유이다. 당시에는 유일하게 국과연에서 유도무기 개발을 위한 연소시험장을 운영하고 있었다.

과학관측용 로켓(KSR-I, II) 개발 사업이 민수용 로켓 개발이라는 차원에서 정부 부처를 통한 범국가적인 협조가 원활히 이루어졌다. 당시 국과연의 유도무기 개발 부서의 많은 분들이 도움을 주었고, 무엇보다도 각종 관련 설비들을 활용할 기회를 만들어 주었다. 그중 하나가 고체 추진기관 지상연소시험장을 이용할 수 있도록 협조해 준 것이다. 물론 고체 추진기관에 대한 충분한 사전 안전성 검토뿐 아니라 모든 시험의 준비 과정, 시험 운용에 대해 하나서부터 열까지 모든 통제를 받으면서 말이다.

나 스스로도 내가 설계한 고체 추진기관이 예상대로 잘 작동하여 성능을 낼 수 있을지 반신반의 했는데, 하물며 제3자 입장에서도 매우 불안했을 것이다. 특히, 만에 하나 잘못되어서 폭발 사고라도 나게 되면 시험장 설비가 부서지는 것은 물론이고 인사 사고까지도 발생할 수 있기 때문이다.

처음 지상연소시험 일정을 협의하기 위한 미팅에 많은 전문가들 앞에서 내가 만든 과학관측용 로켓 고체 추진기관의 설계와 제작 전 과정을 설명하고 기술적 질문에 대해 대답을 하는 몇 시간은 나에게는 매우 색다른 경험이었다.

"고체 추진기관 설계 과정에 사용한 프로그램은 어떤 것인가?"

"직접 짠 프로그램이라면 아직 검증도 되지 않았는데 결과 예측을 어느 정도나 믿을 수 있나?"

"사용한 소재에 대한 성분 검사 성적서는 있는가?"

"하드웨어 제작도면과 공정서를 작성하는 데 방산업체 전문가의 참여가 있었나?"

"제품에 대한 제작 성적서는 다 확인 한 건가?"

"만에 하나 고체 추진기관의 오작동으로 예상치 못한 사고가 발생한다면 모든 책임과 사후 조치는 항우연이 수행해야 한다.”

　박사학위 최종 논문 심사과정에서 심사위원들의 날카로운 질문에 땀을 뻘뻘 흘리며 혼쭐난 기억이 떠올랐다.

　내가 설계하고 만든 고체 추진기관의 첫 지상연소시험 예정일을 며칠 남겨두고 연구소 사무실에서 최종 성능 예측 그래프를 프린팅해서 업무보고를 했다. 이때 고체 추진기관의 점화 초기에 약간의 압력상승이 예상되었는데, 내가 수행한 성능 예측이 다소 틀릴 수도 있다고 생각하였는지 초기에 튀는 모양을 부드럽게 수정하라는 지시가 있었다. 수년 동안 연구해 오면서 성능 예측 프로그램을 개발하고 나름의 검증을 통해 자신감을 얻은 나에게는 자존심이 매우 상하는 지시였다. 그러나 첫 지상연소시험일까지 남은 며칠 동안 반복된 검토를 해본 결과 나의 예측 결과가 틀리지 않을 거라는 확신이 들었고, 그대로 성능 예측 결과를 프린팅했다.

　첫 지상연소시험 당일 아침의 긴장감은 지금도 잊을 수가 없다. 내가 설계하고 제작한 고체 추진기관이 콘크리트 방호벽으로 싸여 있는 시험장치 위에 장착된 뒤 여러 측정 장치와 점화를 위한 전선이 연결되었다.

　최종 점검이 끝나고 안전거리 밖에 있는 제어통제실로 이동했다. 지하 벙커 개념의 제어통제실에는 지상연소시험 광경을 직접 눈으로 내다볼 수 있도록 안전유리로 된 조그만 창이 있었다. 창문 아래에는 딱 한 사람이 올라서서 밖을 볼 수 있는 작은 높이의 나무 발판이 놓여 있었다. 과거 자주국방을 위한 유도무기 개발을 독려하고 격려차 방문하였다는 고(故) 박정희 대통령을 위한 것이었다고 한다.

잠시 후 비상 상황 시 화재 발생을 대비한 자체 소방차가 배치되고 위험을 알리는 사이렌이 울려 퍼졌다. 지상연소시험을 총괄하는 책임통제원의 카운트다운이 시작되었다.

"점화 60초 전, 50초 전, 40초 전,… 10초 전, 9초, 8초… 2초, 1초, 점화!"

'꽈아앙! 뿌우─왕왕!'

"점화 정상! 연소 정상!"

심장이 꿍꽝꿍꽝 거리고 입이 바짝바짝 말랐다. 벽에 디지털로 표시되는 연소시간과 CCTV 화면에 띄어진 고체 추진기관 연소 화염을 번갈아 보며 손바닥에 나는 땀을 바지에 닦았다. 나의 첫 고체 추진기관 지상연소시험의 13여 초가 그렇게 길 수 없었다.

"연소 종료!"

"시험장 주변 안전 이상 무!"

나도 모르게 주먹을 불끈 쥐었다. 눈물이 핑 돌며 깊은 안도의 한숨을 내쉬었다. 내가 설계하고 제작한 고체 추진기관이 첫 지상연소시험을 사고 없이 무사히 끝냈다.

얼마 후 계측 담당자가 그래프용지에 그려진 지상연소시험 결과를 갖고 나와서 나에게 전달해 주었다.

"지상연소시험 결과 그래프는 이렇게 나왔습니다."

연소시험 긴장이 아직 풀리지 않은 탓인지 조금은 떨리는 손으로 결과 그래프를 받아보았다. 내가 프린팅해간 성능 예측 그래프와 정확하게 일치하는 시험 결과였다. 그때 느낀 희열은 뭐라 말할 수 없을 정도였다.

엔진 개발에
진심인 사람들

1단형 과학관측용 로켓(KSR-I)과 2단형 과
학관측용 로켓(KSR-II)의 1단, 2단 고체 추진기
관 설계와 지상연소시험이 어느 정도 마무리
될 즈음 소형 액체 엔진 연구를 시작하였다.
한국형발사체 '누리호' 추진제와는 달리 질산
을 사용하여 400파운드급의 작은 추력을 내는
AKE(Apogee Kick Engine)를 개발하는 것이었
다. AKE는 인공위성을 목표 고도에 투입할 때

사용하는 것으로, 지구 타원궤도 원지점에서 위성을 차 넣기 위한 엔진을 말하는 것이다. 비록 소형급이지만 고체가 아닌 액체 추진제를 사용하는 엔진을 연구하기 위한 첫걸음이었다.

설계된 액체 로켓 엔진 성능을 확인하기 위한 지상연소시험을 위해 추진제를 저장하는 저장 설비와 시험스탠드, 추진제 공급용 배관과 제어용 밸브 등 관련 설비를 만들어야 했다. 또한 추진제 공급 밸브를 제어하고 엔진 성능을 계측하기 위한 제어계측용 컴퓨터와, 시험을 진행하고 안전 통제를 위한 부대설비도 필요했다.

당시 항공우주연구소는 현 부지에 본관 건물을 신축하는 공사를 진행하고 있었고, 그 옆에는 가건물을 지어서 연구원들의 임시 연구실과 실험실로 사용하고 있었다. 임시 실험실 한편에서 관련된 기초적인 실험을 진행하였고, 소형 액체 엔진의 인젝터 특성과 추진제 공급조건을 확인하기 위한 시험절차를 만들었다.

이후, 실질적인 지상연소시험을 위한 장소를 물색하던 중 공동연구를 진행해온 현대기술개발㈜(현 현대모비스)와 충남대학교의 협조로 한국화약㈜의 공장 내 공터를 활용하기로 하였다.

건설 현장에서 사용하는 컨테이너를 활용해 추진제 공급 설비와 시험스탠드를 만들었고, 안전거리를 확보한 위치에 계측 및 제어통제를 위한 또 다른 컨테이너를 설치하였다. 말 그대로 야전용 간이 설비로 만든 것이다.

처음 설비를 만들고 본격적인 연소시험을 시작하기 전 기본적인 초기 시험을 진행할 때의 일이었다.

추진제를 공급하기 위한 가압 밸브와 개폐 밸브 들이 정상적으로 기능을 하는지, 계측 데이터는 정확히 나오는지 확인을 하고 시험 준비가 완료된 뒤 컴퓨터 명령에 따라 공급 밸브를 구동하였다. 추진제를 저장하고 있는 저장 탱크로부터 엔진까지 몇 개의 제어 밸브와 센서 들로 구성된 공급 시스템이 작동을 하고 엔진이 점화되었다. 잠시 후 밸브가 닫히고 불꽃이 꺼졌다. 예상대로 점화가 잘 된 것이다. 박수를 치며 센서 데이터를 살피는데, 불은 꺼졌는데 추진제 탱크 압력이 계속해서 올라가는 것이 아닌가. 가압 밸브가 닫히지 않은 것이다.

"어?"

"어쩌지?" 모두가 당황하고 있는데 동료 연구원이 냅다 시험스탠드로 달려가는 것이 아닌가.

저장 탱크가 터질 수도 있는 위험한 상황임에도 불구하고 직접 가압 밸브를 잠그려고 뛰어간 것이다.

다행히 위기는 넘겼으나 자칫하면 큰일 날 뻔한 상황이었다. 동료 연구원의 행동은 안전을 고려하지 않은 위험한 행동이었으나, 그만큼 엔진 개발에 진심이었기에 무의식적으로 한 행동이었다.

이후 1995년 9월 6일, 우리는 첫 지상연소시험을 성공적으로 수행했다.

연소시험장
부지를 찾아

추진기관을 개발하기 위해서는 비행 전에 지상에서 성능을 확인하기 위한 지상연소시험을 반드시 해야 한다. 대전에 있는 연구소 부지는 연구동 건물 등을 건축하기 위한 계획이 있어서, 일반적으로 위험하다고 생각할 수 있는 연소시험장을 구축하기에는 고려해야 할 것들이 많았다. 따라서 도시 외곽이나 시골 등의 한적한 곳을 찾아보게 되었다.

경희대학교 출신 선배연구원 소개로 경기도 용인에 있는 경희대 수원캠퍼스(지금의 경희대 국제캠퍼스)를 방문했다. 커다란 캠퍼스 앞 넓은 주차장을 따라 내려가자 조그만 논과 밭이 있고 앞에는 기흥호수가 펼쳐져 있었다. 호수 주변으로 한적한 오솔길이 이어져 있었고 호수 건너편으로는 경부고속도로가 보였다.

추진기관 지상연소시험 특성상 고온의 화염을 식히기 위해 많은 물이 냉각수로 사용되는데 주변에 큰 호수가 있다는 것은 장점일 수 있으나, 캠퍼스 확장과 주변이 개발되면 안전을 확보하며 시험을 하는 데는 한계가 있어 보였다. 주변을 둘러보느라 점심시간이 한참 지나 호수 바로 앞에 있는 허름한 식당에 들어가 새우가 들어간 얼큰한 민물매운탕을 시켰는데, 시장이 반찬이었는지는 몰라도 찌그러진 냄비에 담겨 나온 매운탕이 그렇게 맛있을 수가 없었다.

지금은 바로 옆에 삼성전자 반도체 공장이 크게 들어서 있고 호수 주변은 마을 사람들의 산책코스로 조성되어 많은 사람들이 이용하고 있다고 한다.

얼마 후 연구소와 이웃해 있는 충남대학교 기계과 교수님께서 임업과 교수님을 소개해 주셨다. 과 특성상 대전 주변

뿐 아니라 충청남북도 곳곳에 임업 연구를 위한 학교 소유의 산이 있었고 그중에 지형적 조건이 지상연소시험장으로 적합하다고 판단되는 곳을 답사하였다. 두 분 교수님을 모시고 함께 찾아간 충북 영동군 상촌면 홍덕리에 있는 산은 주변 마을은 물론 지방도로로부터도 한참 떨어져 있었다. 한적한 지방도로를 돌고 돌아 한참을 들어간 뒤 도로 옆 좁은 공터에 차를 대고 등산화로 갈아 신었다. 산기슭을 따라 20여 분을 가파르게 오르다 보니 옛날 집터로 보이는 조그만 공터가 있고 그 옆으로 완만한 계곡이 이어져 있었다.

깊은 산중이라 시험장의 안전거리 확보는 충분했고 경사진 계곡을 따라 계단식으로 시험 설비를 구축할 수 있을 듯했다. 다만 주변에 인프라가 하나도 없고 첩첩산중이라 기본 토목공사를 위한 예산이 만만치 않을 듯했다. 또한 임업 연구를 위해 애지중지 키워 놓은 산림을 훼손하는 것 또한 쉽지는 않아 보였다.

최근에 교수님을 통해 들은 바에 의하면, 아직도 그곳은 첩첩산중으로 어떤 개발 허가도 쉽게 내어주지 못하는 곳으로 남아 있다고 한다.

마땅한 시험장 부지를 찾지 못하고 있던 차에 충청북도

청주시에서 제2연구소나 관련 연구시설 부지를 무상으로 제공해 주겠다는 소식이 있었다. 반가운 마음에 우리는 청주시청 담당자와 접촉해서 현장답사를 하기로 약속을 잡았다. 추진기관 지상연소시험장에 대한 간단한 설명 자료를 준비해 전달하고 현장을 보러 청주시청 공무원을 따라나섰다.

평평하게 조성된 넓은 평지 중간 중간에 PVC파이프가 기둥처럼 박혀 있어서 그 용도를 물어보았더니 거의 매립이 끝나가고 있는 생활 쓰레기 매립장이란다. 넓게 펼쳐진 흙바닥만 보아서는 잘 조성된 택지 정도로 생각되었는데 근처에 가보니 땅속에서 발생한 메탄가스가 메케한 냄새와 함께 모락모락 올라오고 있었다. 추진기관 연소시험을 하게 되면 고온의 화염이 발생하는데, 땅 밑에 메탄가스가 가득한 곳에서 연소시험을 한다는 것은 상식 밖의 말도 안 되는, 소위 '불나는 데 기름 붓는 꼴'이 아니겠는가?

아마도 추진기관 연소시험장의 특성을 잘 모르고 매립이 다 끝난 매립장의 활용 방안을 찾으려던 참에 연구소 관련 연구시설을 유치하려던 것이 아니었나 싶다.

1997년부터 액체 로켓 엔진 연구를 같이하던 '현대우주항공'은 지금 현대로템의 전신격으로 현대그룹에서 야심 차게 우주 분야를 연구하고자 만들었던 계열사였다. 당시 러시아와의 협력을 통해 액체 로켓 엔진에 대한 연구를 진행하고 있었는데, 이를 시험하기 위한 연소시험장을 계획하고 있었다. 현대그룹에서 갖고 있던 땅 중 서산 간척지가 있는데 바다를 매립하는 매우 어려웠던 난공사였다. 서해의 조수간만의 차이에 의한 물살이 워낙 세서 방파제를 완성하지 못하던 것을 고 정주영 회장이 폐유조선을 침몰시켜 완성하고 바다를 매립해서 만든 어마어마한 면적의 땅이다. 지도에 표시된 육지 끝 도로에 차를 세우고 농로 길을 따라 걸어 들어가면 지평선까지 끝없이 펼쳐진 간척지 논이다.

지리적인 특성으로만 보아서는 연소시험장을 건설할 수 있는 가능성이 가장 높다고 판단되어 좀 더 구체적으로 실측을 위한 현장 조사를 진행하기로 하였다. 영상기록을 위해 캠코더 장비와 사진기뿐 아니라 건설 현장에서 사용하는 50미터짜리 줄자와 측량용 폴대, 무전기 등을 가지고 '현대우주항공' 관계자의 사륜구동 갤로퍼를 타고 농로 비포장 길을 따라 들어갔다. 담수호 쪽 한쪽 끝에 농사를 짓지 않는 마른 논바닥이 있어 마치 우리 땅인 양 이리저리 다니며 50미터씩 나누어 폴대를 들고 사진을 한창 찍고 있는데 논

두렁 사이로 멀리서 오토바이 한 대가 다가왔다. 현대 마크가 찍힌 모자를 쓰고 고무장화를 신고 오토바이에서 내린 한 사람이 크게 소리를 쳤다.

"여기서 뭣들 하는 거요? 여기를 이렇게 막 들어오면 안 돼요." "아! 네, 저희는…." 어쩔 줄 몰라 머뭇거리는 동안 저쪽에서 폴대를 들고 있던 '현대우주항공' 연구원이 뛰어와서 사원증을 보여주며 자초지종을 설명했다. 수백 미터 떨어진 간척지 한 가운데에 추수한 벼를 도정하는 도정공장과 격납고가 있는데 소리친 사람은 그곳에서 간척지를 관리하고 있는 '현대건설㈜' 서산영농작업소 직원이었다. 간척지가 너무나 넓고 염분 때문에 아직 농사를 짓지 않고 있는 곳도 있고 해서 봄에 볍씨를 뿌리고 비료를 줄 때도 소형 경비행기를 사용하고 있다고 했다.

매우 넓은 지역이라 연소시험장을 건설할 경우 안전거리를 충분히 확보할 수 있고, 옆에 담수호가 있어 냉각용수를 쉽게 확보할 수 있다는 장점이 있다고 생각되었다. 드디어 우리 연소시험장을 지을 수 있는 땅을 찾았다고 기뻐하며 그날 저녁 인근 횟집에서 싱싱한 생선회와 함께 소주 한잔으로 피로를 풀었다. 동료들과 술잔을 주고받으며 이곳에 시험장을 만들면 연소시험을 끝내고 시원한 바닷바람을 맞으며 자연산 회를 실컷 먹을 수 있겠다는 기대감에 부풀었다.

출장을 다녀온 일주일쯤 뒤에 '현대서산농장' 측과 행정적인 협의를 하던 '현대우주항공' 연구원으로부터 전화가 왔다.

간월도를 잇는 방파제를 쌓아서 만든 서산 간척지는 서산 A지구, B지구로 나누어 '현대서산농장'에서 관리하고 있으며 친환경적으로 체계적인 기계 영농을 하고 있다고 했다. 또한 1995년 8월 난공사 끝에 완공된 서산 간척지는 쌀 생산을 위해 특별히 조성된 것으로 벼농사와 관련된 시설 이외에 다른 설비가 들어오기 위한 허가는 어렵다고 전해왔다.

추진기관 개발이 또 한 번 난관에 봉착했다. 지상연소시험장 부지를 찾기가 이렇게 어려울 줄은 몰랐다.

나중에 안 사실이지만 서산 간척지는 기계화된 영농으로 가을걷이 뒤에 낟알이 많아 겨울철에 많은 철새들이 날아온다고 한다. 또한 관광명소로 유명한 간월도 간월암이 있고 서해 바다 낙조와 갯벌 체험을 할 수 있으며, 주변의 많은 맛집과 함께 철새도래지로 유명해져서 지금은 많은 사람들이 찾는다고 한다.

이방인 연구원이
자문을 구하는 법

내가 러시아를 처음 간 것이 1999년 10월 10일이었다. 우연하게도 한국항공우주연구원이 설립된 지 딱 10년이 되는 날이었다. 소형 액체 엔진 연구를 위해 컨테이너에 임시로 만들어본 경험을 바탕으로 제대로 된 액체 로켓 엔진 연소시험장을 건설하기 위해서였다. 당시 연구원 부지에 연소시험장 건설을 계획하면서 시험 설비에 대한 개념설계를 국내 관련

업체와 진행하고 있었고, 이에 대한 자문을 러시아와의 기술 계약 형태로 추진하였다. 상대 기관은 러시아 최초의 로켓 관련 전문 연구기관인 '켈디쉬연구소'였다.

과거 공산주의 국가였던 구소련이라는 점 때문에 잔뜩 긴장한 탓인지 몰라도 모스크바 공항 터미널 내부는 우중충하고 조명도 어둡게 느껴졌다. 같이 출장 간 일행들 뒤에 바짝 붙어 입국 수속 게이트 앞의 대기 줄 중 나름 짧아 보이는 라인에 섰다. 몇 번 러시아에 와본 적이 있는 일행중 한 명이 "우리 차례까지는 한참 걸려요. 담배 피우고 올게요."라고 이야기하며 반대편 구석으로 갔다. 그곳에는 이미 여러 명이 모여 익숙한 듯 담배를 피우고 있었다. 30분은 족히 지나 좀처럼 줄지 않을 것 같던 줄이 줄어들어 내 앞으로 4-5명 정도만 남았다. 이제 곧 내 차례구나 생각하며 잠시 눈을 감고 있었는데 갑자기 웅성웅성하며 앞뒤 사람들이 다른 줄로 옮겨가는 것이 아닌가…. 앞을 보니 내가 서 있던 게이트 부스에 불이 꺼지고 군복을 입고 있던 뚱뚱한 출입국관리 직원이 문을 닫고 가버리는 것이었다. "에따 라씨야(Это Россия, 이게 러시아지)!"를 외치며 다른 줄 뒤로 옮겨가는 일행을 급히 따라갔다. 그렇게 모스크바 공항을 빠져나오는 데만 1시간이 훨씬 지나버렸다.

당시는 이유도 모르고 얼떨떨해했으나, 이후 러시아를 자주 방문하면서 이런 황당한 경우를 여러 번 겪었다. 출입국 관리용 컴퓨터가 너무 낡은 286 컴퓨터 수준이라 수속 시간도 오래 걸리고 다운도 자주 된다든지, 입국 수속 대기 줄이 한참 긴데도 아랑곳하지 않고 부스 문을 닫고 나와 자기들끼리 잡담을 하며 담배를 피운다든지, 출입국 수속 과정에 무슨 문제라도 있는 사람이 앞에 한 명 생기면 그 줄은 아예 포기를 해야 한다든지…. 이후 처음 몇 년 동안은 러시아에 입국할 때마다 '제발 내가 선 줄에선 아무 문제가 생기지 않기를….' 간절히 바라고 또 바랐으나, 나중에는 그냥 '될 대로 되어라.' 하고 아무런 기대도 하지 않게 되었다.

우여곡절 끝에 빠져나온 모스크바 공항에서 본 러시아의 첫인상은 매우 을씨년스러웠다. 가을 날씨 정도로 예상했던 것과는 달리 바람도 매우 차 마치 겨울처럼 춥게 느껴졌다. 한 시간 정도 차를 타고 도착한 곳은 '켈디쉬연구소' 근처에 있는 소위 유스호스텔 급의 비교적 저렴한 숙소로 같이 출장 간 업체 직원이 예약한 곳이었다. 콘크리트 회색 건물 입구에서부터 군복을 입고 총을 든 소위 보안요원이 문 앞에 앉아 출입자 신분을 확인하였다. 당시에는 미리 비자를 받아야 했고 이와는 별도로 모스크바 어디에서 묵는지 '거주자등록'을 확인받아야만 했다. 여권과 거주자등록증을 맡기고 임시통행증과 주먹만 한 묵직한 방 열쇠를 받아 들고 두 사람이 겨우 탈 수 있는 덜컹거리는 승강기를 타고 올라갔다. 승강기 앞에는 층마다 그 층을 관리하는 또 다른 직원이 앉아 있었고 한 사람씩 방 번호를 다시 확인하였다. 어두컴컴한 복도를 지나 묵직한 나무 문을 열고 들어간 방은 냉기가 돌았다. 분명히 창문이 모두 닫혀 있는데 밖에서 달리는 차량 소리와 함께 찬바람이 부는 듯했다. 방구석 콘크리트 벽 사이로 손이 들어갈 정도의 틈이 있어 건물 밖 도로가 내려다보이는 것이 아닌가…. 한국을 떠나 러시아에 도착하기까지의 너무나 긴 여정으로 인해 몸과 마음이 지칠 대로 지쳐서 매우 피곤했으나, 시차 때문인지 추위와 낯선 환경 때문인지 모스크바에서의 첫날밤은 쉽게 잠들지 못하고 뒤척였다. 추위에 떨다 잠에서 깨 가져간 옷을 모두 껴입고 다시 잠을 청했는데 아침에 눈을 떠보니 감기에 걸려 있었다.

'켈디쉬연구소'는 구소련 시절인 1933년에 로켓 연구 선구자의 이름을 따서 세워진 연구기관으로, 오래된 역사도 역사지만 관련 분야에 실력 있는 많은 전문가들이 연구를 한 곳으로 그 명성과 자부심이 매우 높았다. 그래서 그런지는 몰라도, 초기에 러시아 전문가들과 기술협의를 할 때마다 느낀 한 가지가 있었다.

우리를 개무시 한다는 것을!

물론 그 당시에는 발사체에 대해 우리가 아는 것은 거의 없었고 그들은 우주 선진국이었으니까…. 그래도 자존심이 상할 정도로 면전에서 면박을 받을 때는 다 때려치우고 싶은 마음이 들 정도였다. 시험 설비 관련 첫 미팅에서 러시아 전문가 할아버지는 조그만 어깨가방 안에서 종이 한 장과 연필 한 자루를 꺼내놓았다. 기술문서라도 펼쳐놓고 회의할 줄 알았던 우리는 적지 않게 당황했다. 우리가 질문하고 통역이 전달하면 설명해주고 다시 통역하는 형식으로 진행했는데 통역과정에 문제가 있었는지 이해가 되지 않아 다시 질문하면 그것도 모르냐는 듯한 표정으로 우리를 쳐다보았다. 집요하고도 반복된 우리들의 질문에 러시아 전문가는 종이에 연필로 그림을 그리기 시작했다. 시간이 지나면서 알게 되었는데 러시아 전문가 할아버지는 자기 분야에 대한 모든 것이 본인 머릿속에 다 있었다. 그렇게 하루 종일 회의를 하면 종이 한 장 앞뒤가 빈틈없이 꽉 채워졌다. 그런데 회의가 끝나고 당연히 받을 줄 알았던 그 종이 한 장을 옆에 앉은 보안요원이 가로막는 것이 아닌가!

"어떤 것도 직접 줄 수는 없다! 필요하다면 나중에 보안부서에서 확인하고 공식적으로 전달하겠다."

"아니! 무슨 이런 x같은…."

더 이상 할 말이 없었다. 이후에는 우리도 꾀를 부렸다. 러시아 전문가가 말로 설명하다 안 돼서 연필을 꺼내들면 얼른 우리가 갖고 있던 자료 뒷면을 들이밀었다. 아무 생각 없이 우리 종이에 그림을 그린 전문가도 있었지만, 씩 웃으며 자기 종이를 꺼내는 전문가도 있었다.

특이하게도 여러 개의 나무 문이 있는 큰 건물 안으로 들어가니 홀 앞을 3개의 출입게이트가 막고 있었다. 게이트마다 출입하는 직원들의 신분증을 확인하는 보안요원 할머니들이 부스 안에 한 분씩 앉아계셨다. 우리는 잠시 뒤 마중 나온 직원을 따라 여권을 맡기고 뒤에 있는 또 다른 건물로 들어갔다. 현관 기둥에는 '켈디쉬' 흉상이 부조되어 있었고 건물 1층 한쪽에는 연구 성과물들이 전시된 조그만 전시실이 있었는데 그곳은 소위 외부인을 맞이하는 면회동이었다. 또 다른 식당 건물 앞에는 세계대전 당시 명성을 떨쳤다는 '카츄샤'로 명명된 트럭 이동식 다연장 로켓포가 전시되어 있었다. '켈디쉬연구소'에서 연구 개발한 로켓이며 전쟁 당시 로켓 발사 소리가 독특해서 '스탈린의 오르간'이라 불렸다고 한다. 그때는 몰랐는데 나중에 들어보니 6·25 당시에는 소련에서 북한에 공급해 줘 우리 국군과 유엔군을 향해 불을 뿜었다고도 한다.

기술협의가 어느 정도 마무리된 주 후반에 연구소 시험 설비 견학을 요청하였다. 사무실로 보이는 건물 몇 개를 지나가니 대형 트레일러 형태의 추진제 탱크와 10여 미터 높이의 고압 탱크 여러 개가 수직으로 서 있고 거기에서 이어진 굵은 파이프라인 여러 개가 옆 건물로 이어져 있었다. 겉으로 보기에는 평범해 보이는 건물 위로 공장 굴뚝이 높이 서 있는 3층 규모의 붉은색 벽돌 건물 안으로 안내받아 들어갔다. 액체 로켓 엔진 연소시험을 위한 설비가 있는 곳이었다. 두꺼운 콘크리트 벽 사이의 철문이 열리고 나타난 연소 시험장 안은 매우 어둡고 좁은 공간 안에 서로 다른 직경의 수많은 배관들과 전기배선들이 얽혀 있었다. 내부 벽과 천장은 물론 엔진 스탠드와 배관들 모두 온통 검은 그을음을 뒤

집어쓰고 있었다. 스탠드 뒤로 돌아가 한쪽 벽면을 막고 있는 철판을 옆으로 치우니 머리와 어깨를 넣고 들여다볼 수 있는 크기의 길이를 알 수 없는 소음저감 장치가 있었다.

다행히 시험 중인 로켓 엔진이 없어서 시험장 내부의 각종 장비와 설비를 촬영할 수 있도록 허가해 주었고, 우리는 조금이라도 더 많은 자료를 얻기 위해 갖고 간 디지털카메라로 닥치는 대로 사진을 찍어댔다. 나는 검은 그을음을 옷에 묻히지 않으려고 애쓰며 몸을 잔뜩 웅크린 채로 이곳저곳을 살펴보며 시험장 현장 담당자의 설명을 듣고 있었다. 잠시 후 이런 모습을 본 연소시험장 책임자가 자기 손으로 벽에 묻어 있던 그을음을 쓱 닦아 우리에게 들어 보이며 말했다.

"여기에서 우리의 로켓 역사가 시작됐다! 이것은 우리들의 땀과 눈물이 만들어낸 자랑스러운 그을음이다!"

순간 그렇게 내 자신이 부끄러울 수가 없었다.

'켈디쉬연구소'와의 기술협의를 마무리한 마지막 날 점심은 회의실 옆에 차려진 만찬장에서 하였다. 그동안 보지 못했던 러시아식 요리와 도수 60도의 보드카가 테이블에 놓여 있었고 러시아식 건배를 시작으로 식사가 시작되었다. 모두의 잔에 보드카를 채우고 켈디쉬 책임자가 일어났다.

"우리와 한국의 친구 관계가 계속되기를…."

"켈디쉬 전문가들의 건강을 위해…."

"성공적인 한국의 로켓개발을 위해…." 주고받는 건배사마다 "다 드나(До Дна, 원샷)!"를 외치며 원샷을 이어갔다. 참석자 모두가 일어나서 두세 번씩 건배를 하며 마셔댄 탓에 테이블에 있던 보드카병이 거의 다 비워졌고 생각나는 건배사도 더 이상 없었다. 이때 테이블 끝에 앉아 있던 켈디쉬 직원이 어깨에 메고 있던 검은 가방에서 보드카를 꺼내놓기 시작했다. 이때부터는 통역도 필요 없이 각각의 자국 언어로 이야기하며 바디랭귀지로 소통을 하고 있었다. 모두 다 얼큰하게 취할 때까지 검은 가방에서 계속 보드카가 한 병씩 나왔다. 우리는 그 직원을 '공포의 검은 가방'이라고 불렀다.

엔진연소시험장 설비 견학은 분명 잊을 수 없을 만큼 인상 깊었고 유익했다. 그러나 당시의 나는 기술협력 회의 결과 예상치 못한 추가 비용 요구로 마음이 편치 않았고, 일정과 예산 문제 등 해결해야 할 숙제를 어깨에 지고 있었다. 거기에 감기 몸살까지 더해져 몸과 마음이 무거웠다. 기대에 가득 차 설레는 마음으로 러시아행 비행기를 탈 때와는 정반대의 마음으로 귀국길에 올랐다.

우리가 만든
엔진 좀
연소시험 해 주세요

러시아의 우주 분야 연구는 서방의 그 어느 나라보다도 시작이 빨랐고 도전적이었다. 또한 우리가 상상하기 어려울 정도로 분야별로 세분화되어 있고 전문성도 높았다. 러시아에서 만드는 우주발사체의 대형 로켓 엔진에 대한 대부분의 연소시험과 발사체 종합시험 등은 '니히마쉬'라는 전문 시험기관에서 수행하였다. 항상 폭발의 위험성이 있고 매우 위험한 시험들이 많기 때문에 모스크바에서 아주 멀리 떨어진 한적한 시골 마을 골짜기에 각종 시험장들이 있었다.

우리가 과학관측용 액체 로켓(KSR-III)용 가압식 액체 로켓 엔진을 개발하기 시작한 초창기에는 엔진 성능을 시험해 볼 수 있는 연소시험장이 아예 없었다. 액체 로켓 엔진을 개발하는 과정에 수많은 시행착오가 있을 수밖에 없고 많은 문제들을 해결하기 위해서는 지상연소시험이 필수적인데 말이다. 그래서 우리가 설계하고 만든 엔진을 러시아로 보내 그곳에서 첫 연소시험을 진행하기로 했다.

러시아의 우주 분야 전문 시험기관인 '니히마쉬'와 1999년 9월에 시험 관련 계약을 체결한 후, 다음 해인 2000년 4월 20일 실질적인 연소시험 초기 준비를 위해 4명으로 구성된 선발대를 이끌고 40일이 넘는 일정으로 러시아로 출발했다. 처음 갔던 러시아 출장으로 몸과 마음이 힘들었던 기억 탓에 다시는 러시아에 오지 않겠다고 다짐을 하며 귀국길에 오른 지 불과 6개월 만의 일이었다.

지금은 도로나 교통편이 좋아졌으나 옛날에 전방 동부전선 군부대에서 근무한 군필자라면 잘 알 것이다. '인제 가면 언제 오나 원통해서 못 살겠네'라는 말처럼 서울에서 춘천을 거쳐 그곳까지 가는 게 쉽지 않다는 것을 말이다. 교통편으로만 따지자면 '니히마쉬'가 있는 곳은 뻬레스벳이라는 마을로 우리나라로 치면 강원도 인제/원통 정도에 비유할 수 있는 곳이었다. 모스크바(서울)에서 세르기예프 빠사드(춘천)까지 50~60년도에나 다녔을 법한 매연과 기름 냄새가 진동하는 버스를 타고 북쪽으로 3시간 남짓, 여기에서 다시 작은 마을버스로 갈아타고 뻬레스벳(인제/원통)까지 거의 비포장 수준의 도로를 1시간 넘게 가면 마을 입구에 로켓(미사일)이 서 있는 소위 군사도시에 도착하게 된다. 이곳은 '니히마쉬'를 만들면서 생겨난 마을로 거주하는 마을 사람들 모두가 '니히마쉬'에서 일하고 있으며 냉전 시절에는 지도에도 표시되지 않던 비밀스러운 마을이었다고 한다.

이 마을에서 우리 출장자들이 묵을 수 있는 숙소는 3층짜리 소위 '니히마쉬'의 게스트하우스뿐이었다. 같은 건물에 마을 사람들의 건강을 돌보는 요양시설 등이 있었는데, 복도와 건물 내부 벽이 흰색 타일로 획일화되어 있어서 마치 오래된 시골 병원과 같은 섬뜩한 느낌을 받았다.

구소련 시절의 폐쇄적인 통제와 시골 마을인 탓인지는 몰라도 통신 인프라가 얼마나 열악한지 처음에는 일주일이 넘도록 사무실에 컴퓨터와 인터넷은 물론 전화와 팩스조차 연결되지 않았었다. 한국에서 진행되고 있던 축소형 시험 결과 협의와 '니히마쉬'에서의 연소시험용 엔진의 통관절차를 확인하기 위해 수시로 모스크바로 한국으로 연락을 주고받아야만 했는데, 자료를 주고받기는커녕 전화라도 한 통 하려면 '니히마쉬' 소장 비서에게 부탁하거나 마을 전화국에 직접 나가서 신청해 놓고 통신원이 연결해 주면 부스에 들어가 전화를 받는 식이었다. 그마저도 한 번에 연결되는 경우가 거의 없었다. 당시 출장자 중 한 명이 러시아어를 할 수 있었고 '니히마쉬' 영어 통역도 있었으나, 그때 내가 얼마나 외쳐 댔는지 처음 배운 러시아어가 놀(0)쎔(7), 놀(0)놀(0)쎔(7)이었다. 시골 마을 뻬레스벳에서 세르기예프 빠사드, 모스크바를 연결하는 지역 코드가 07-007이었다.

러시아로의 연소시험용 엔진 이송을 담당했던 업체의 무책임한 업무처리와 세관을 통과하는데 예상치 못했던 여러 행정상의 문제로 인해 당초 예정일을 열흘 남짓 넘겨 5월 6일 토요일임에도 불구하고 어렵게 한국에서 보내온 우리의 로켓 엔진을 받아 볼 수 있었다. 이송을 위해 나무로 만든 엔진 보관 박스에 한글로 선명하게 찍혀 있던 '한국항공우주연구소'와 박스 안에 눈에 익은 우리 액체 로켓 엔진을 보는 순간 왠지 모르게 마음이 울컥했다. 그러나 이후 연소시험까지의 우여곡절에 비하면 며칠 늦은 통관과정은 아무것도 아니었다.

나름대로 사전에 충분한 협의와 검토를 해서 별문제가 없을 것으로 예상했으나 실제로 우리가 만든 엔진을 러시아 시험 설비에 장착하는 것 자체가 그렇게 만만한 일만은 아니었다. 한번은 600킬로그램이 넘는 엔진을 어렵게 시험스탠드에 장착하고 각종 배관과 밸브 등을 연결하는 과정의 일이었다. 배관 길이가 맞지 않고 방향이 틀어져서 며칠 동안 힘들게 작업했던 설비들을 분해하고 엔진을 다시 내리기로 결정했는데 러시아 작업자들은 볼트를 풀 생각을 하지 않고 작업을 중단했다. 현장 책임자에게 늦어진 일정을 만회하기 위해 최대한 다음 작업을 서둘러 진행하자고 했었는데도 말이다. 다음 날 아침에 시험장 책임자에게 이 일에 대해 유감을 표하며 항의했더니 돌아온 답변은 다음과 같았다.

"나름대로 작업 규정과 절차가 정해져 있고 어제 지시했던 작업은 다 수행했다. 이유가 어찌 됐든 엔진을 다시 분해하는 작업은 별도 작업자들이 해야 하는 일이기 때문에 오늘 일정을 다시 짜 작업을 시작할 것이다."

이렇게 또 며칠이 흘러가 버렸다. 우리나라에서 우리끼리 하는 작업 같았으면 밤새워서라도 하루 만에 다 끝냈을 일을 말이다. 나도 모르게 "에따 라씨야(Это Россия, 이게 러시아지)!"가 튀어나왔다.

우리가 뻬레스벳에서 생활하는 동안 불편함이 없도록 모든 것을 도와준 '라리사'라는 금발의 멋쟁이 할머님이 계셨다. 매일 아침 숙소 앞에서부터 같이 출근하며 출입 절차뿐 아니라 사무실 안에서도 책상을 같이 놓고 앉아 휴식 시간에는 따뜻한 차와 달달한 쿠키도 준비해 주셨다.

주말에 하루는 우리에게 '니히마쉬' 역사를 보여주겠다며 게스트하우스 옆의 오래된 2층짜리 벽돌 건물인 기념관으로 안내를 했다. 낡은 나무 현관문을 들어서자 중앙 홀 양쪽 벽을 가득 채우고 있는 수많은 인물 사진들이 있었다. 러시아의 우주개발 과정에 중요한 역할을 했던 선구자들의 흑백사진 앞에서 연신 안경을 올려 쓰며 그들의 업적을 일일이 설명해 주는 모습에서 '니히마쉬'뿐 아니라 러시아의 우주 분야 역사에 대한 대단한 자부심을 느낄 수 있었다. 기념관 홀 가운데에 전시되어 있던 각종 액체 로켓 엔진과 시험 설비

모형들을 보며 많은 관심을 보이던 우리에게 다음 주말에는 모스크바 근교의 가가린 우주박물관을 방문할 수 있도록 일정을 잡아주었다.

모스크바 외곽 베덴하에 있는 가가린 우주박물관은 인류 최초 우주인인 유리 가가린을 기념하여 만들어진 곳이었다. 우주박물관 입구에는 화염을 뿜으며 우주로 날아가는 로켓을 형상화한 40미터 높이의 티타늄으로 만들어진 조형물이 솟아 있는데 햇빛에 반사되는 모습은 경이롭기까지 했다. 또한 우주박물관 안에 있는 우주발사체 핵심부품과 인공위성, 로켓 엔진 등 거의 모든 전시물이 모형이 아닌 실제로 사용되었던 하드웨어로 전시되어 있었다. 우주박물관에 들어가는 입장료와는 별도로 안에서 사진을 찍기 위해서는 추가 요금을 지불해야 하는데, 우주 분야에 관심이 있는 사람들에게는 결코 아깝지 않은 많은 공부거리가 있는 학습장이었다. 우리들에게는 전시된 각각의 액체 로켓 엔진마다 그 구성품의 차이를 비교하며 관찰할 수 있을 뿐 아니라, 장착되어 있는 밸브, 배관 연결 방법 등을 보고 배울 수 있는 매우 좋은 장소였다. 이후에 우리는 러시아에 출장 갈 때마다 이곳 가가린 우주박물관을 찾아 몇 시간씩 목을 길게 빼고 로켓 엔진 내부를 들여다보곤 했다.

우리가 묵었던 '니히마쉬' 게스트하우스에서 나와 마을 반대편 자작나무 숲속으로 조금만 들어가면 적당한 크기의 저수지가 있었다. 마을이 조성되며 여름에 수영을 할 수 있게 일부러 만들었다고 하는데 당시 '니히마쉬' 소장의 이름을 따 '마카로프 연못'이라고 불렀다. 어느덧 2주 정도 지나 이곳에서의 생활이 익숙해질 때쯤 우리는 퇴근 후 이곳 저수지까지 자작나무 숲속 길을 산책한 후 돌아오는 길에 숙소 앞에 있는 조그만 구멍가게에서 러시아 맥주를 사서 저녁에 한잔씩 하곤 했다. 러시아 대표 맥주인 '발찌까'는 알코올도수 0도부터 10도 정도까지 다양하게 있었는데 각각 번호가 0부터 9까지 있었다. 보통 러시아 사람들은 우리와는 달리 도수가 좀 있는 것을 선호하기 때문에 우리가 마시는 도수의 맥주는 밍밍해서 잘 안 마신다고 한다. 정통 독일식 라거 방식으로 만들어서 그런지 우리 입맛에는 뜨리(3)가 딱 맞았는데, 아마도 몇 달치 재고가 쌓여 있던 '발찌까' 넘버 3(도수가 4~5도 정도)를 우리가 다 팔아준 게 아닌가 싶다.

며칠 뒤 멋쟁이 할머니 '라리사'가 빙긋이 웃으며 "나는 너희가 매일 저녁 무슨 술을 얼마나 마시는지 다 안다!"라고 말하는 게 아닌가…. 깜짝 놀라서 눈이 똥그래지는 우리에게 "그 구멍가게 주인이 앞집에 사는 이웃이야. 우리는 로켓을 배우려고 이곳에 온 한국 청년들이 너무너무 대견하다고 생각해. 여기 젊은 애들은 돈을 많이 벌 수 있는 일에만 관심이 있거든…." 하고 말했다.

그래서 그런지 기술협력을 하면서 만났던 대부분의 러시아 전문가들은 환갑을 전후한 분들이었고, 우리들이 젊다는 것을 나름 부러워하는 것 같았다. 역시 러시아에서도 우주 분야에 종사해서는 돈을 많이 벌지 못하는구나 라는 생각도 들었었다.

선발대 이후 후속 파견팀 업무로 수류시험과 6월 23일 0.2초 첫 점화시험을 시작했으며, 단계적으로 연소시간을 늘려가며 지상연소시험을 하였다. 목표로 한 연소시간 8초 첫 지상연소시험은 2000년 7월 21일 성공적으로 수행하였고, 이후 약 1년 동안 18회의 연소시험을 '니히마쉬'에서 진행하였다.

마침내 우리가 만든
연소시험장에서

액체 로켓 엔진 지상연소시험장 부지를 찾아 전국을 돌아다니던 끝에 결국에는 대전 연구원 본원 부지 안에 로켓 엔진 시험 설비를 구축하기로 최종 결정하였다. 최초 과학관측용 액체 로켓(KSR-III)에 사용될 엔진을 개발하기 위해 우선 단위 요소 인젝터를 시험할 소형 엔진 연소시험장부터 만들고 이어서 주 엔진 연소시험장을 건설하기로 했다.

항공기용 가스터빈 엔진 개발연구를 위해 운용 중인 시험장 옆 작은 공간을 활용하여 로켓 엔진 인젝터 수류시험뿐 아니라 점화시퀀스 개발과 추력 1톤급 소형 엔진 연소시험까지 수행하는 것을 목표로 시험장 설계를 시작하였다. 비록 소형 시험장이라 해도 액체 로켓 엔진 지상연소시험장을 구성하는 요소는 규모만 다를 뿐 모든 시스템을 갖추어야만 한다. 크게 추진제를 저장하고 공급할 수 있는 유공압 시스템, 엔진을 장착하는 시험스탠드, 제어 및 계측 시스템과 부대설비 등으로 구성된다.

유공압 시스템의 극저온 추진제 공급 설비는 극저온 상태에 고압으로 공급되어야 하는 특성상 열 손실을 최소화 하기 위해 가급적 진공 배관을 사용하고 연결부위도 최대한 용접으로 만들어야만 하는 어려움이 있었다. 당시 반도체 공장에 극저온 질소가 사용되고 있다고 하여 수소문한 끝에, 이러한 극저온 설비를 구축하고 유지보수 경험이 있던 업체를 찾을 수 있었다. '한양엔지니어링㈜'라는 업체인데 주로 수도권과 경기도에서 대기업의 반도체 생산 공정에 필요한 설비를 건설하고 유지보수를 하고 있다고 했다.

우주발사체나 액체 로켓 엔진을 잘 모르던 분들에게 과학관측용 액체 로켓(KSR-III) 개발사업과 시험 설비의 중요성을 설명할 자료를 들고 찾아가 앞으로 우리나라의 우주발사체 개발을 같이하자고 읍소했다. 업체 입장에서 보면 고정적인 수익이 보장되는 기존 시장이 아닌 생소한 우주 분야에 같이 발을 담그자고 하는 꼴이 아니었을까 싶다. 다행히도 당시 대전과 충청도 일부 지역 설비를 맡고 있던 팀장을 중심으로 소형 엔진 시험장의 유공압 설비 구축이 시작될 수 있었다. 우리도 러시아의 연소시험 설비를 어깨너머로 보았을 뿐 연소시험 설비 규격을 직접 설계하는 것이 처음이었고, 업체 역시 발사체 액체 로켓 엔진 시험용 설비를 시공하는 것이 처음이었기에 우리 모두에게 겁 없는 도전이었다.

한창 설비 구축이 진행되고 있을 때의 일이었다.

"작업반장이 나오지 않아 배관작업이 지연되고 있어요."

시험장 구축 진행 상황을 점검하러 현장을 다녀온 동료 연구원이 업체 팀장과 함께 와서 말했다. 심각한 표정의 업체 팀장 이야기로는 어제부터 연락이 되지 않는다는 것 아닌가! 우리는 모든 일을 제쳐두고 작업반장의 거취를 수소문하기 시작했다. 다행히 며칠 만에 어렵게 알아낸 시골 주소로 찾아가 작업반장을 만날 수 있었다. 개인 사정으로 일을 그만두겠다던 그를 설득한 끝에야 겨우 설비 구축 작업을 이어갈 수 있었고, 그나마 일정 지연을 최소화할 수 있었다.

이런 사소한 이유로 조금씩 지연된 일정이 누적되어 1998년 말까지로 계획되었던 시험 설비 구축과 시운전이 해를 넘겨서 마무리되었다. 처음 만든 우리 연소시험장을 준공하던 날 '안전기원제'를 하며 앞으로의 연소시험이 무탈하게 진행되기를 빌고 또 빌었다. 이후 반복된 인젝터 수류시험과 점화시퀀스시험 사이의 준비 일정을 최대한 단축시켜 액체 로켓 엔진 개발 일정을 맞추기 위한 노력을 하였고, 드디어 우리가 만든 소형 엔진 연소시험장에서 1999년 11월 13일 1톤급 소형 엔진 지상연소시험을 성공적으로 진행할 수 있었다.

이 소형 엔진 연소시험장 구축을 시작으로 맺어진 '한양엔지니어링㈜'와의 인연은 한국형발사체 '누리호' 사업에서도 매우 중요한 역할을 하고 있는 참여기업인 '한양이엔지㈜'로 20년이 넘게 이어지고 있다.

이렇게 만들어진 소형 엔진 연소시험장에서의 시험 진행과 병행해서 본격적인 과학관측용 액체 로켓(KSR-Ⅲ)용 엔진 개발을 위해 주 엔진 연소시험장도 최대한 안전을 고려한 설계로 계획하여 연구원 내에 건설하는 것으로 방향을 잡았다.

최대추력 13톤급의 주 엔진 연소시험장은 원내 영빈관을 지을 계획이었던 연구원 부지 가장 안쪽에 위치하고 뒤편은 산으로 둘러싸여 있는 곳에 구축하기로 하였다. 지상연소시험 중 혹시라도 발생할 수 있는 예기치 못한 폭발이나 사고로부터 주변 건물이나 다른 연구시설의 피해를 최소화할 수 있는 안전거리를 확보한 곳이었다. 이런 위치적 특성에 추가적으로 시험스탠드를 밀폐된 지하 벙커 내부에 수평형으로 설치하고 연소시험 시 발생하는 소음과 유해가스를 최소화하는 소음저감 시스템도 만들기로 하였다.

액체 로켓 엔진 개발에 필수적인 제대로 된 주 엔진 연소시험장을 드디어 갖게 되는 것이었다. 더 이상 다른 나라의 도움을 받지 않고 독자적으로 우리의 액체 로켓 엔진을 개발할 수 있는 기초가 마련된 것이다.

주 엔진 연소시험장의 핵심인 추력측정장치는 소형의 1축형과는 달리 6분력을 측정할 수 있는 형태로 설계해 액체 로켓 엔진에서 나오는 추력을 정밀하게 측정할 수 있도록 하였고, 고압 질소 가스를 이용하여 추진제를 엔진에 공급하는 지상공급 시스템, 연소시험의 제어와 시험자료 획득을 위한 제어계측 시스템 모두 용량을 키워 다양한 지상연소시험을 할 수 있도록 구축하였다.

연소시험장에 출입할 때는 항상 안전을 위해 접지되어 있는 손잡이를 잡아 우리 몸에 있는 정전기에 의한 스파크 발생을 방지해야만 한다. 우리가 처음 만든 주 엔진 연소시험장은 출입구 오른쪽 벽면에 A3용지 크기의 동판에 손바닥을 대도록 해놓았는데, 이 동판에는 연소시험장을 구축한 나와 동료들의 이름이 새겨져 있다.

과학관측용 액체 로켓(KSR-III) 비행시험 전까지 누적 시간 771.9초, 총 50회의 엔진 지상연소시험을 수행하였는데, 이 중 개발단계의 가장 큰 고비였던 연소불안정을 경험한 시험 횟수는 무려 17회에 달했다. 연소불안정은 추진제가 연소기 내부에서 연소하는 과정에 발생하는 진동이 급격하게 증폭되는 현상으로, 최악의 경우 엔진 폭발로 이어져 치명적인 결과를 초래할 수 있다.

우리 시험장이 있었기에 가능했던 수십 차례의 반복된 지상연소시험과 수많은 설계 수정을 통하여 연소불안정 현상과 같은 문제를 해결하고 목표 설계치의 성능을 만족시키는 비행용 액체 로켓 엔진을 개발할 수 있었던 것이다.

최초 과학관측용 액체 로켓(KSR-III)에 사용될 엔진 개발 과정에 있어 첫 지상연소시험은 러시아에서 시작했으나, 비행 전 마지막으로 최종 목표인 60초 동안의 연소성능을 확인하는 지상연소시험은 우리 연구소에 우리가 만든 우리 시험장에서 2002년 5월 14일에 성공적으로 진행되었다.

땅이 없어 남의 연구소에 임시로 만든 종합연소시험장

과학관측용 액체 로켓(KSR-III) 주 엔진은 연구원 내부에 구축된 주 엔진 연소시험장에서 수많은 지상연소시험을 진행하며 개발 중이었다. 또한 추진제 탱크로부터 엔진에 추진제를 공급하기 위한 추진제 공급 시스템 개발도 주 엔진 연소시험장 뒤편에 간이로 만든 추진기관 수류시험 설비에서 물과 실추진제를 사용하는 비연소시험을 통해 개발을 진행하고 있었다.

　이제 비행시험 전까지 남은 것은 엔진을 포함한 추진기관 시스템의 종합성능을 확인하기 위해, 실제로 비행할 모델과 동일하게 하드웨어를 구성해서 지상에서 추진기관 종합연소시험을 하는 것이다. 또한 발사 시퀀스와 동일한 절차를 신행해 비행을 모사하는 단 인증 시험도 반드시 거쳐야 하는 시험 과정 중 하나이다. 실제 발사와 같이 수직으로 세워서 추진기관 종합연소시험을 해야 하기 때문에 대전의 연구원 부지에는 안전거리를 확보할 수 있는 마땅한 장소가 없었다.

　과학관측용 액체 로켓(KSR-III)은 국과연 안흥시험장의 발사장을 활용한 시험발사를 계획하고 있었기 때문에, 추진기관 종합연소시험장 또한 안흥시험장 부지를 사용할 수 있는지 가능성을 타진해 보기로 했다. 몇 번의 현장답사와 협의 끝에 국과연 안흥시험장 한쪽 구석의 빈 공터를 가보았는데, 그곳은 바닷가로 향한 경사면이 말굽 형상으로 이루어진 얕은 계곡이었다. 지형상 바닷가 쪽으로 내려갈수록 폭이 넓어져서 콘크리트 기초를 하고 수직으로 시험스탠드를 구축하기가 용이해 보였고, 계곡 위쪽에 제어계측 설비를 갖추면 안전과 시험통제에도 문제가 없어 보였다. 특히, 인근에 있는 국과연 시험 설비까지 용수와 전기 등 기반 설비가 연결되어 있고, 언덕 바로 뒤에 작은 저수지도 있어서 우리가 원하는 시험 설비를 구축하기에는 안성맞춤이었다. 다만 이곳을 출입하기 위해서는 바로 옆 국과연 시험 설비를 지나가야 하기 때문에 국과연 시험이 있을 때는 안전상 출입이 제한된다는 조건과 우리 쪽 시험이 모두 끝난 후 현장을 원상복구 한다는 전제하에 시험장 부지를 확정 지었다.

추진기관 종합연소시험 설비는 어찌 보면 발사를 위한 발사장 설비와 비슷하다고 생각할 수 있으나, 비행을 모사하는 실제 비행시간 동안 발사체를 붙들어 놓고 연소시험을 해야 하기 때문에 추가로 고려해야 할 사항들이 꽤 많이 있다.

2001년 5월경 시험장 건설을 위한 기초 토목공사를 시작으로 추진제 저장 및 공급 설비, 캐빈형 수직 시험스탠드, 화염 유도로 및 냉각수 분사 장치, 통합 제어계측 시스템, 비상 발전 설비, 소방 및 기타 설비 등 시험장을 구축하는 데 약 6개월이 걸렸다. 시험장에는 수직형 시험스탠드가 있는 15미터 높이의 캐빈 아래로 5미터 깊이의 화염 유도로가 있고, 안전을 고려해 캐빈을 중심으로 좌우측에 각각 산화제 저장 탱크와 연료 저장 탱크를 나누어 설치했다. 시험장이 내려다보이는 언덕 위에는 컨테이너 하우스 2개를 붙여 제어계측실과 안전통제실로 사용했다.

아이러니하게도 남의 땅에서 철거를 전제로 한 설비 구축이라 가급적 간이로 간단히 만들어야겠지만, 추진기관 종합연소시험을 안전하게 성공적으로 수행하기 위해서는 안전율을 고려해 최대한 튼튼하게 지어야만 했다.

시험 설비 구축이 완료되고 11월 한 달 동안 실질적인 수류시험과 연소시험을 위해 추진제 탱크, 배관, 밸브 등 엔진에 추진제를 공급하는 추진공급계를 비행용 하드웨어로 설치하고 액체 로켓 엔진을 장착하였다. 이때만 해도 엔진 연소불안정 문제를 완벽하게 해결하지 못하고 있던 터라 비행용이 아닌 헤비 타입 형태의 연소실을 장착했다.

이 시기에 결혼한 연구원이 있었다. 동료 연구원들보다 다소 늦은 결혼으로 그동안 '○○○ 결혼 추진 위원회'가 있을 정도였다. 몇 달 동안 종합연소시험을 준비하느라 대전과 안흥을 오가고 있었고, 시험 일정에 여유가 없어 우리는 주말에도 근무를 하곤 했다. 늦장가를 가는 동료를 축하해 주기 위해 안흥시험장 현장에서 작업복에 안전화를 신은 채로 바로 결혼식에 참석한 동료들도 있었다. 빡빡한 시험 일정에 영향을 주기 않기 위한 희생정신으로, 결혼식 다음 날 신혼여행도 미루고 시험장으로 달려와 본인이 해야 할 역할을 묵묵히 수행하는 그 친구를 위해 우리는 안전모에 '새신랑'이라는 이름표를 붙여주었다. 그로부터 3년 후 '새신랑2'가 생겼다. 고흥 항공시험센터에 독자적인 킥모터 고고도시험장을 구축할 때 결혼한 동료인데, 결혼식 전날까지 현장에서 일을 하느라 당일 새벽에 옷도 갈아입지 못한 채 결혼식장으로 달려갔다가 다시 왔다. 말 그대로 결혼식만 하고 돌아온 것이다. 우리는 '새신랑'이라고 쓰여 있는 선배의 안전모를 그 친구 머리에 씌어주었다.

바닷바람이 매섭게 불기 시작하는 12월부터 드디어 실추진제를 사용하여 추진기관 공급 시스템 수류시험을 시작하였다. 이곳 추진기관 종합연소시험 설비에서 수행된 비연소시험인 수류시험은 단계적으로 연료라인 23회, 산화제라인 14회, 종합 수류시험 13회 및 엔진 수류시험 15회가 진행되었다. 충분하지는 않지만 나름대로 추진공급계에 대한 성능 검증을 확인한 후 엔진과 함께하는 종합연소시험을 진행하였다. 비행시험 시퀀스를 확인하기 위한 엔진 점화시험을

3회, 연소시간을 증가시켜가며 진행한 종합연소시험을 9회 진행하였다.

추진기관 수류시험과 종합연소시험을 진행할 때마다 시험을 총괄하던 나는 언덕 위에 있는 제어계측실과 아래에 있는 시험장을 몇 번씩 오가면서 진행 상황을 점검했는데, 거의 60도의 급경사면에 30미터가 넘는 길이의 가파른 간이 철제계단을 오르내려야만 했다. 자연스럽게 강도 높은 하체운동이 되는 효과가 있었다.

단계적으로 연소시간을 증가시켜가며 시험 반복을 통해 30초를 목표로 한 7차 종합연소시험이 진행되던 2002년 5월 10일, 내 허벅지 굵기가 어느 정도 굵어졌을 때의 일이다. 캐빈 안 수직형 시험스탠드 아래로 뚫려 있는 화염 유도로 입구를 막아놓는 두꺼운 철판으로 만든 덮개가 있는데, 시험 전 준비 작업이 완료되면 연소시험을 시작하기 전에 레일을 따라 뒤쪽으로 밀어서 화염 유도로를 열어놓아야 한다.

시험장에서의 준비가 마무리된 후 마지막으로 시험장 주변 안전 상태를 확인한 안전통제원이 안전지역으로 철수하였다. 제어통제실에서 다시 한번 CCTV로 주변을 점검한 후 시험통제원의 명령에 따라 추진제 충전이 시작되었고, 잠시 후 확인된 점화 시퀀스에 따라 카운트다운이 진행되었다.

"냉각수 분사! 추진제 탱크 가압 시작! 가압 압력 정상! 연료 공급 밸브 오픈! 점화제 밸브 오픈! 산화제 공급 밸브 오픈!"

"엔진 점화! 점화 정상!"

'뿌와—앙!'

묵직한 느낌의 진동과 함께 화염 유도로로 희뿌연 화염이 뿜어져 나왔다. 목표 연소시간은 30초!

내려다보이는 스탠드 안 엔진 노즐 끝에 보이는 불꽃을 보며 속으로 시간을 재고 있었는데, 진동에 의해 열어놓은 화염 유도로 덮개가 조금 움직이는 듯싶더니, 슬금슬금 레일을 따라 조금씩 굴러가는 게 아닌가….

그때까지만 해도 연소시험은 정상적으로 진행되었고 책임통제원이 차분하게 '연소 정상!'을 외치고 있었다. 아! 순간 머릿속이 하얘졌다. 통제실 안 여기저기서 탄성이 쏟아졌다. 연소시간이 10여 초쯤 지난 시점에 책임통제원이 톤이 올라간 목소리로 소리쳤다.

"어쩌죠? 덮개가 더 닫히면 화염을 막아버릴 거 같은데…. 지금 연소를 종료시킬까요?"

"잠시만! 조금만 더 기다려 보자! 몇 초 남았지?"

조금만 더 버텨준다면, 덮개가 조금만 더 천천히 굴러가 준다면 화염에 닿기 전에 연소가 종료될 것도 같았다. 괜찮지 않을까 하는 생각이 들었다.

"일단 조금만 더 가보자!" 한 번 한 번 시험을 준비할 때마다 많은 인원들이 고생하고 준비한 시간이 생각나 가능하면 조금은 더 버텨볼 생각이었다.

그러나 연소시간이 15초를 지나면서 더는 진행이 어렵다고 판단해 시험 중단을 결정했다.

"그만하자!"

이어서 책임통제원의 떨리는 목소리가 시험장에 흘러나왔다.

"비상정지! 비상정지! 연소시간… 17초!"

"산화제 공급 밸브 클로즈! 연료 공급 밸브 클로즈! 연소 종료! 추진제 탱크 해압!"

더 이상 화염 유도로 덮개도 움직이지 않았다.

"연소종료 정상!"

"시험장 주변 안전 이상무! 화염 유도로 주변 안전 이상무!"

한동안 우리는 자리에서 일어날 수 없었다.

무거운 화염 유도로 덮개를 열어놓고 고정해놓는 장치가 시험 중 발생하는 진동에 의해 풀릴 거라고는 생각하지 못했었고, 그동안의 연소시험은 연소시간이 짧고 엔진 구조물의 무게 차이 등으로 인해 진동 크기가 달라 고정 장치가 풀리지 않았던 것 같았다. 이후 레일 고정 장치를 보강해 이중으로 안전조치를 마련했고 시험 전 체크리스트로 관리하였다.

사실 이날은 연구원에서 높은 보직자 몇 분이 방문해 시험을 참관하고 있었다. '잘 되던 것도 높은 분이 오시면 잘 안 된다'라는 우리들만의 징크스가 떠올랐다.

매번 시험 과정에서 발생할 수 있는 비정상적인 상황에 대해 순간적으로 정확하게 판단하고 빠르게 결정해 조치를 취하는 것은 항상 어려운 일이다.

2002년 6월 29일, 56초 동안 연소시험을 하면서 추력벡터 제어를 하는 김벌링시험을 성공적으로 진행했다. 추진기관 연소시험을 하면서 김벌링을 수행하는 것 또한 구조물에 축방향 로드를 주고 화염이 화염 유도로 벽면을 칠 수 있기 때문에 결코 만만한 시험은 아니다. 김벌링은 로켓이 우주로 날아갈 때 방향을 조정하는 방법 중 하나로, 배가 물속에서 앞으로 나갈 때 방향을 조정하는 방향타와 같은 역할을 한다. 처음 추진기관 종합연소시험장 구축부터 시작해 거의 1년여 만에 끝난 초고속 과정이었다.

이후, 2002년 8월 마지막으로 단 인증 시험을 수행해 발사체의 종합성능을 검증하였고, 국내 최초 과학관측용 액체로켓(KSR-III)의 비행시험을 위한 모든 기초 자료를 습득할 수 있었다. 또한 수직형 추진기관 종합연소시험 설비 구축과 시험 운용에 대한 다양하고도 귀중한 경험을 얻을 수 있었다.

처참하게 폭발해버린
킥모터

소형위성발사체 '나로호' 2단은 고체 추진 기관으로 발사 후 390초에 고공 환경에서 100킬로그램의 페이로드를 위성궤도에 넣어주는 킥모터 역할을 한다. 요구 성능을 맞추기 위한 고체 추진기관 시스템 설계를 항우연이 수행하고 국내 유일의 고체 추진제를 만들 수 있는 방산업체가 하드웨어를 만들었다. 고체 추진기관 케이스는 킥모터 내부의 높은 압력을 견뎌주기 위한 복합재와 고온의 연소가스로부터의 단열을 위한 내열재로 구성되는데, 개발과정에서 반복된 지상연소시험을 통해 무게를 경량화해 최종 비행용 고체 추진기관 설계를 확정할 계획이었다. 당시 고체 추진기관 지상연소시험을 할 수 있는 곳은 국과연 안흥연소시험장뿐이었기 때문에 별도의 시험용역 계약을 통해 개발과정에 필요한 지상연소시험을 수행하였다. 고체 추진제가 충전된 킥모터를 대전에 있는 방산업체에서 제작한 후 지상연소시험을 위해 안흥연소시험장으로 이송하는 것 또한 충격과 진동이 규정 범위 내에 있도록 안전을 신경 써야 하는 작업이었다.

처음 제작한 1호기 고체 추진기관은 헤비 타입 개념으로 내열재를 설계치보다 두껍게해 킥모터의 기본적인 성능을 확인하기 위한 용도로 제작하였으며 2006년 1월 19일 첫 지상연소시험이 성공적으로 진행되었다. 첫 지상연소시험에서 얻은 각종 데이터를 분석해서 2차 시험용 킥모터는 좀 더 비행용 설계에 가깝도록 내열재 두께를 얇게 만들었다.

2호기 고체 추진기관 지상연소시험은 2006년 3월 9일 진행되었다. 복합재 케이스로 만든 고체 추진기관을 그것도 항우연에서 설계해서 만들었다고 하니 국과연에서도 많은 관심을 갖고 지상연소시험을 찬관하러 왔었다. 오래전부터 알고 있던 국과연 직원을 만나 얘기를 들어보니, '나로호' 사업에 관심들이 많고 무엇보다 항우연이 설계한 킥모터에 대해서도 많이 궁금하다고 했다. 특히, 국내 고체 추진기관 중 가장 긴 60초 동안 연소한다는 것도 관심거리라며 지난 1월 첫 연소시험 때는 솔직히 성공할 것이라 예상하지 못했다고 했다.

오전부터 시험스탠드에 킥모터를 장착하고 안전을 점검한 뒤 각종 계측 시스템 점검과 점화선 점검 등을 단계적으로 진행하였다. 15시 18분 최종 지상연소시험 준비상태와 시험장 주변 안전을 확인한 후 국과연 시험통제원의 카운트다운이 시작됐다.

"점화 5초 전, 4초, … 점화!"

"점화 정상, 연소 10초 경과, 20초 경과….'

CCTV로 연소시험 광경을 지켜보며 화염과 연소시간을 번갈아보던 중 28초쯤 킥모터 헤드 쪽에서 스멀스멀 흰 연기가 보이는 것이 아닌가! 설마 내가 잘못 본 것이겠지 하며 다른 쪽 모니터를 확인하는데 5초쯤 더 지나니 꽝 소리와 함께 모니터 화면에 붉은 섬광이 번쩍하며 폭발하였다.

킥모터 연소시험이 정상적으로 진행되면 약 60초 정도 연소하면서 노즐 쪽으로만 고온고압의 연소가스 화염이 분출되어야 하는데, 정반대 쪽인 점화기가 장착되어 있는 킥모터 헤드 쪽으로 화염을 뿜어대고 있었다. 고체 추진기관은 한번 점화되면 안에 있는 추진제가 다 타버릴 때까지 연소를 계속할 수밖에 없는데 비정상적으로 킥모터 헤드 쪽으로 화염을 뿜으며 시험스탠드 주변 시험 설비를 초토화시키고 있었다. 액체 추진기관이라면 추진제 공급을 차단해서 연소를 중단시킬 수도 있겠으나, 고체 추진기관은 그럴 방법이 없다. 고체 추진기관 노즐이 넓어진 것과 같은 효과로 인해 킥모터 내부 압력이 낮아진 탓에 예정된 60여 초를 한참 지난 119초까지 '쉬-익, 쉬-익, 쉬-익' 괴성을 내며 양쪽으로 불을 뿜어대고 있었다. 우리는 자리에서 일어나 시험스탠드 주변으로 더 큰 화재나 피해가 가지 않기를 바라면서 속수무책으로 바라보는 수밖에 없었다. 그나마 다행인 것은 킥모터를 잡아주는 치구가 튀어 나가지 않고 견뎌주었고, 킥모터 또한 노즐과 헤드 쪽 구멍으로 연소가스를 내뿜으며 내부 압력이 급격히 낮아진 탓에 더 큰 폭발로 이어지지는 않았다.

비정상 연소가 종료된 뒤 CCTV로 시험장 주변의 추가 화재 상황이나 안전 유무를 살펴본 시험통제원은 곧바로 안전통제원에게 지시해서 화재진압조를 현장에 투입시켰다. 약 10분 정도 지나 현장에 남아 있던 잔불 진압이 완료되었고, 이후 30분 정도 대기 후 현장 접근이 허용되었다.

메케한 연소가스 냄새와 화염에 의한 열기가 남아 있어 바로 가까이 접근하는 것은 어려웠으나, 폭격 맞은 듯한 시험장은 상상을 초월했다. 우리 항우연 식구들뿐만이 아니라 너무나 많은 외부 참관인들이 보는 앞에서 우리가 야심 차게 설계하고 만든 킥모터가 처참하게 터져버린 것이었다.

고열과 폭발압력에 의해 시험장 스탠드 지붕은 날아가고 옆의 차단벽은 찌그러져 있었다. 킥모터 헤드 쪽으로 뿜어져 나온 고온고압의 연소가스에 의해 추력측정장치 및 연소압 계측센서 등은 흔적을 찾아볼 수 없을 정도로 변형되어 있었다. 당연한 이야기겠지만 우리 고체 추진기관의 비정상적인 연소시험으로 인해 망가진 국과연의 연소시험장 시설을 원상복구 해줘야 하는 과정이 뒤따랐다.

그보다도 우리에게는 킥모터 헤드 쪽이 폭발해 비정상적인 연소를 하게 된 원인을 찾고 문제를 해결해야 하는 과제가 남았다. 1차, 2차 지상연소시험 데이터의 비교분석과 병행해서 킥모터를 분해하고 절단해서 면밀한 분석 작업을 시작했다. 또한 1호기와 2호기의 설계부터 제작상 차이점까지 제작 공정에 문제는 없었는지 전반적인 검토를 진행했다.

이와 관련해 지금도 생각하면 썩 좋지 않았던 기억이 하나 있다. 원인분석 작업이 본격화될 무렵 나는 지푸라기라도 잡아보려는 심정으로 방산용 내열 복합재를 제작한 경험이 풍부한, 알고 지내던 방산업체 전문가를 찾아가 자문을 구한 적이 있었다. 나름대로 충분한 설명을 전달하고 전문가의 고견을 얻기 위해 상세한 세부설계 자료와 제작도면까지 들고 말이다. 지방 출장을 다녀온 지 일주일 정도 지났을 무렵 과학관측용 고체 로켓을 개발할 당시 도움을 주었던 국과연 직원에게서 연락이 왔다. 얼마 전 안흥시험장에서 터졌던 킥모터가 국과연 유도무기를 베낀 거 같다는데 관련 자료를 좀 갖고 들어오라는 것 아닌가….

"이건 또 무슨 말씀인가?"라고 의아해하며 약속을 잡아 국과연을 방문했다. 유도무기 개발 관련 팀장들이 모여 내가 갖고 간 우리 자료를 이리저리 살펴본 후에

"아니네! 전혀 다른데 뭘…."

"그래, 얼핏 봐서는 비슷한 것 같기는 한데… 아니야! 문

제없어!"라는 것이었다.

자문을 구해볼 생각에 만났던 방산업체 직원이 아마도 항우연 킥모터가 국과연 유도무기를 베낀 거 같다고 이야기한 모양이었다. "허…참!" 유도무기 개발 자료를 결코 본 적도 없을뿐더러 관련 분야에 대한 보안관리는 절대 허술하지 않다.

그때 나는 매우 자존심이 상했고, 이후 그 직원과 다시 연락하는 일은 없었다.

예기치 못했던 킥모터 폭발로 인해 일정이 다소 지연되고 하드웨어를 새로 만들기 위한 추가예산이 소요됐으나, 빠른 원인 파악과 수정조치를 한 덕분에 3호기, 4호기에 이어 5호기를 이용한 국과연 안흥연소시험장에서의 마지막 지상연소시험을 2007년 5월 3일 성공적으로 끝낼 수 있었다.

다시 또 엔진을
외국으로 갖고
갈 수는 없다

우여곡절 끝에 어느 정도 성능을 확인하고 비행용으로 사용 가능하다고 판단할 수 있는 소형위성발사체 '나로호' 2단 고체 추진기관이 만들어졌다. 이제는 추가적인 연소시험을 통해 킥모터 성능에 대한 신뢰도를 높이는 과정과 고고도에서의 성능을 확인해야 하는 문제가 남아 있었다. 그동안 지상연소시험을 해온 국과연 안흥연소시험장에도 고고도 성능을 확인할 수 있는 설비는 없었기 때문에 고고도 성능을 어떻게 검증할 것인가가 과제였다.

물론 고고도 성능시험을 꼭 하지 않고 수치적 모델을 통한 해석기법으로 고공 성능을 예측할 수도 있었다. 그러나 이럴 경우에도 해석의 정확도를 높이기 위해 축소형 모델을 통한 실험은 필수적인데 실험을 할 수 있는 설비 역시 국내에는 없었다.

결국 과거 협력관계에 있었던 러시아 시험전문기관을 통해 고공 성능을 확인할 수 있는 방법을 타진해 보았다. 즉 고고도 시험 설비가 있는 기관과 기술 계약을 통해 시험을 의뢰하는 것으로, 우리의 고체 추진기관을 외국으로 갖고 나가야만 가능했다. 아무리 단순한 엔진이라고 할지라도 외국에 가져가서 연소시험을 하는 건 정말 어려운 일인데 심지어 고체 추진기관은 폭발할 위험이 있는 화약류로 취급되기에 고려해야 할 것이 너무 많아 거의 불가능한 것이나 다름없었다.

이때 우리는 또 한 번 겁 없는 도전을 해 보기로 하였다. 어차피 고체 추진기관의 고공 성능을 확인하기 위한 고공환경모사시험을 해야만 한다면 아예 고체 추진기관 지상연소시험장을 구축하기로 한 것이다. 국과연 안흥연소시험장에서 어느 정도 킥모터의 성능이 확인되었으나, '나로호' 발사 전까지 고체 추진기관의 성능에 대한 신뢰도를 높이기 위해 추가로 지상연소시험을 더 진행하기로 하였다. 추가 지상연소시험이 마무리되면 킥모터의 고공환경을 모사할 수 있는 설비를 이용해 고고도시험까지 수행하기로 말이다.

문제는 장소였다. 당시 해상국립공원 지역인 나로우주센터는 '나로호' 발사를 위한 발사장 부지와 조립동을 위한 일부 지역만 토목 관련 인허가를 받았고 관련 설비 구축이 한창 진행 중에 있었다. 사실 나로우주센터 내에 영구적인 시험설비로 구축하는 것이 바람직했으나 일정 등을 고려해 차선책으로 고흥군 간척지에 있던 항공시험센터에 구축 가능성을 알아보기로 결정하였다.

당시 항공시험센터에는 과거 비행선 개발에 활용했던 커다란 행거가 있고 150미터 정도의 활주로를 관제하기 위한 35미터 높이의 관제탑이 있었다. 주변이 간척지로 이루어져 있고 일부는 아직 농사도 짓지 않고 있었으며, 민가와는 아주 멀리 떨어져 있어서 시험 시 안전거리 확보에도 큰 문제가 없어 보였다. 다만 향후 활주로 확장과 다양한 항공 관련 시험 설비가 구축될 예정이라 고고도시험장은 임시로 만들어 사용하기로 하였다.

2005년 11월에 시작한 기초 토목 공사는 갯벌을 간척하여 만들어진 지반 특성 때문에 가로 60미터 세로 60미터 면적의 지상연소시험장 기초를 다지는 데 생각보다 많은 어려움이 있었다. 계속 침하가 일어날 수 있고 영구적인 시험 설비가 아니기 때문에 기초 콘크리트를 견고히 할 수 없어서 땅속으로 파일 박듯이 기둥을 촘촘히 박고 그 위로 콘크리트를 매트처럼 까는 소위 '팽이말뚝기초공법'으로 기초 구조물을 만들었다. 특히 시험스탠드 주변은 지상연소시험 시 킥모터와 축추력 측정장치 등의 하중뿐 아니라 시험 시 발생하는 수평방향 축추력도 최대 13톤을 견딜 수 있도록 'ㄴ'자 모양의 견고한 콘크리트 구조로 구축하였다. 또한 시험스탠드를 중심으로 'ㄷ'자 모양의 성토를 4미터 높이로 쌓아 올려 바리케이드 역할을 할 수 있도록 해, 만약의 폭발 사고에도 주변 설비를 보호할 수 있는 구조로 만들었다. 무엇보다도 35미터 높이의 관제탑을 활용해 시험장과 주변의 모든 상황을 관찰하고 통제할 수 있어서 지상연소시험 시 안전통제를 수행하기에 매우 좋은 환경이었다.

고공환경 모사를 위한 디퓨져 형식의 특수장치는 킥모터의 노즐부터 이어진 연통과 같은 형상으로 만들었는데, 연소시험 시 발생하는 고온고압의 화염으로부터 구조물을 보호하기 위한 냉각 채널이 있는 원통형 구조였다. 노즐에서 나오는 3,600도 이상의 고온고압의 연소가스 바로 뒤에 물을 분사해서 진공 조건을 유사하게 만들어주며, 7개의 섹션으로 나누어 조립식으로 연결할 수 있도록 하였다. 각각의 섹션마다 냉각 채널과 디퓨져 내부에 고압의 냉각수를 공급하기 위한 설비가 장착되어 있다. 그런데 이 냉각 채널을 제작하고 수압시험을 진행하는 과정에서 구조물이 설계압력을 견디지 못하고 파괴되는 것이 아닌가!

100일이 넘도록 문제를 해결하지 못하다가 결국 당시 국내업체의 제작상 기술력의 한계라 판단되어 냉각수 공급압력을 낮추어 시험하는 것으로 결정하였다. 이 문제로 인해 계획보다 3개월 이상 일정이 지연되어 2007년 4월에나 설비구축을 마무리할 수 있었다.

그 당시 고흥군 여관에서 생활해서 숙소나 식사 문제에 큰 어려움은 없다고 생각했는데, 업체 담당자는 입장이 달랐던 모양이었다. 첫 시험을 얼마 남겨두지 않은 시점에 제어계측용 프로그램 관련 프로그래머가 사라져버렸다. 작업환경과 오지에서의 생활을 견디지 못하고 서울로 돌아가 버린 것이다. 다른 전공 분야하고는 달리 소위 전기전자를 전공한 사람들이 내려올 수 있다고 생각하는 지방 근무의 최대 마지노선이 경기도 정도라는 얘기를 나중에 들었다. 물론 사람마다 생각이 다르겠지만 말이다. 이후, 대체 인력을 구하는 데 많은 어려움이 있었다.

국내 최초로 고흥 항공시험센터에 구축한 고고도시험장에서 소형위성발사체 '나로호' 2단 고체 추진기관의 1차 고공환경모사시험이 2007년 8월 30일에 진행되었다.

우리가 직접 구축하고 독자적으로 시험 운용을 하는 고체 추진기관 지상연소시험장에서 처음으로 고공 환경을 모사하는 특수장치를 달고 하는 연소시험이었다. 그것도 국내 최장의 연소시간인 60초 동안이었다. 우려했던 것과는 달리 너무나도 성공적인 시험 결과를 얻을 수 있었다.

지금 뒤돌아 생각해 보면 너무 무모한 도전이 아니었나 싶기도 하지만 항상 충분하지 않은 예산과 계획보다 늦어지는 일정 속에서 나름의 판단과 결정으로 최선의 선택을 한 결과가 아닌가 생각된다. 자신감이 붙은 우리는 일정을 당기기 위해 보름도 지나지 않은 2007년 9월 13일 2차 고공환경 모사시험도 성공적으로 마쳤다. 역시 무엇이든지 '처음이 어려운 것'이라는 생각이 들었다.

고고도시험장에서의 지상연소시험 특성상 언제든지 예기치 못하게 발생할 수 있는 비상 상황에 대비하기 위해, 항상 고흥소방서의 협조를 얻어 소방차와 앰뷸런스를 대기시켜 놓고 시험을 진행하였다. 사실 비상 상황에 대비하는 것은 반드시 필요하지만 정상적이라면 사용되지 않는 것이 바람직한 것 아니겠는가.

고공환경 모사시험이 끝나고 킥모터의 성능 신뢰성 확보를 위한 추가 반복 연소시험이 어느 정도 마무리될 때쯤인 2008년 2월 28일, 7차 지상연소시험을 하던 중 연소가 정상적으로 진행되어 연소종료를 얼마 남겨놓지 않은 48초경에 킥모터 노즐에서 무엇인가 밝은 섬광이 보이더니 불꽃이 튀어 나가는 것 같았다. 10여 초 후 연소가 종료된 후 시험장 주변의 안전을 확인하기 위해 35미터 높이의 관제탑에서 망원경으로 주변을 살피던 안전통제원이 무전기로 책임통제원을 급하게 호출했다.

"책임통제원! 책임통제원! 여기는 안전통제원."

미처 책임통제원이 대답도 하기 전에 무선이 이어졌다.

"시험장 전방 화재 발생! 시험장 전방 화재 발생!"

급하게 CCTV를 돌려 주변을 살펴보니 갈대밭 사이로 흰 연기가 피어오르고 있었다. 사실 지상연소시험 전에는 항상 화염 방향 전방과 시험장 주변에 충분히 물을 뿌려서 혹시라도 모를 화재에 대비를 한다. 그런데 그곳은 우리의 자체 소방 설비가 닿지 않는 100미터가 넘는 지점이었다.

일단 지상연소시험이 종료되었고 킥모터 주변의 특이사항이 없음을 확인한 책임통제원이 화재진압을 명령했다.

"여기는 책임통제원! 안전통제원은 소방차를 출동시켜 시험장 전방 화재를 진압하라!"

알고보니 불이 붙은 것은 아니고 뜨거운 노즐 확장부 내 열재가 떨어져 나가 그 열기에 의해 연기가 피어오른 것이었다. 대기 중이던 소방차가 출동하고 우리 비상대기조도 같이 출동해 현장에 피어오르던 불씨를 제거하고 노즐 파편을 수거해 왔다.

그동안 지상연소시험 때마다 비상대기만 몇 시간씩 하다가 돌아가는 소방서 직원들께 미안하고 감사하다고 음료수를 건네면, 한 게 뭐 있느냐고 한사코 거절하였는데, 그날은 철수하면서 "오늘 드디어 우리도 역할을 했네!" "꼭 나로호 발사 성공하세요!"라고 씩 웃으며 격려까지 해 주었다.

2008년 8월 27일 고고도시험장에서 진행된 소형위성발사체 '나로호' 2단 고체 추진기관의 마지막 지상연소시험까지 더 이상의 소방차 출동 없이 잘 마무리되었다.

더 이상
허물 필요 없다

한국형발사체 '누리호'를 개발하기 위해서는 필수적인 시험 설비들이 매우 많다. 75톤급 액체 로켓 엔진의 핵심 구성품인 연소기, 터보펌프 및 밸브류 개발을 위한 설비와, 추진제 탱크를 비롯한 각각의 시스템 개발과 성능을 검증하기 위한 설비들이 꼭 필요하다. 핵심부품 개발이 완료되면 엔진 시스템 검증을 위한 지상연소시험, 고공연소시험을 거쳐야 하고,

이후 추진기관 시스템 검증을 진행한다. 관련된 액체 로켓 엔진 시험 설비와 추진기관 종합연소시험장을 나로우주센터에 구축하였다.

한국형발사체 '누리호' 각각의 단별 추진기관 시스템 개발과 단 인증을 위한 추진기관 종합연소시험장(PSTC:Propulsion System Test Complex)은 2014년 3월에 기초토목 설계를 시작으로 2017년 4월에 시험 설비 구축을 완료하였다. 기본적인 시험 설비 구성은 발사장 설비와 비슷하다고 볼 수 있는데, 유공압 시스템, 제어계측 시스템, 후류안전 시스템 등은 공용으로 사용하고 시험스탠드는 1단의 클러스터링을 위한 높이 43미터의 대형 1스탠드 캐빈과 2단, 3단용 30미터 높이의 2스탠드 캐빈으로 나누어 구축하였다.

이름에서도 알 수 있듯이 다른 시험 설비에 비해 규모도 크고 구축 과정의 어려움도 많았다. 특히 1단의 경우 추진제와 발사체 무게를 합한 150톤 정도의 하중을 받음과 동시에 지상연소시험 과정에 반대 방향으로 300톤의 추력과 진동을 잡아주고 견뎌야 하는 특수 구조물의 설계와 제작뿐 아니라, 150초를 넘는 연소시간 동안 초당 3.5톤의 냉각수를 공급해 고온고압의 화염을 견뎌주도록 하는 깊이 35미터의 화염 유도로 구축도 결코 쉬운 일이 아니었다.

국내에서 처음으로 수직형 추진기관 종합시험 설비를 구축하고 설비 성능을 검증한 후 2018년 우선 발사할 시험발사체를 위한 2단 종합시험을 먼저 시작하였다. 추진기관 공급계통이라 함은 우리 몸으로 치면 온몸으로 혈액을 공급해주는 순환기계통과 비슷하다고 볼 수 있는데, 중요한 장기들에 원활히 혈액이 공급되지 못하면 위험한 상황이 오듯이 추진기관 공급계통에 문제가 생기면 매우 심각한 문제가 발생할 수 있다.

단계적으로 액체 엔진이 없는 엔지니어링모델을 사용한 수류시험을 통해 추진기관 시스템 설계검증과 개발을 완료하였고, 이후 실제 비행용 모델과 동일한 인증모델을 사용하여 종합연소시험을 진행하였다. 수류시험이라는 것은 연료와 산화제를 사용하여 추진기관 공급계통의 성능을 확인하는 과정 중 하나로, 실제 불을 붙여 연소시험을 하지는 않기 때문에 수류시험이라 일컫는다. 추진기관 종합연소시험장에서 진행되는 시험은 실제 '누리호' 비행시험을 위한 비행시퀀스를 확정하고 발사 전 준비작업과 추진제 충전, 비상배출 하는 절차를 검증하는 매우 중요한 과정이다.

독자 개발한 75톤급 액체 로켓 엔진의 비행 성능을 확인하기 위한 시험발사체의 종합성능시험은 2017년 6월 28일 2단 엔지니어링모델을 2스탠드에 수직으로 세우면서 시작되었다. 시험 목적에 따라 총 9단계로 나누어 단계적으로 성능을 확인하는 과정으로 10개월 정도의 일정을 계획하였다. 종합시험을 시작하면서 어느 정도 예상은 했으나, 시험 설비도 처음 운용하는 것이고 추진기관 공급계통도 처음으로 시스템시험을 하는 것이기 때문에 시험 결과 분석에 따라 마이너한 조정 작업뿐 아니라 부품 교체가 불가피한 경우도 발생되었다.

실제로 해당 시험을 담당하는 실무책임자 입장에서는 이러한 예상치 못한 하드웨어 수정이나 프로그램 변경 사항이 생기면 일정 지연이 생기더라도 추가로 확인과 점검을 하는 것이 당연하다. 그렇기 때문에 가끔은 확인 과정도 중요하지만 일정을 조금은 더 서둘러 주었으면 하고 직접 말은 못 해도 실무책임자 눈치를 보는 경우가 종종 있었다. 이러한 내 마음을 알았는지 몰라도 오히려 계획보다 3개월 정도 당겨서 시험을 마무리할 수 있었다.

이제 시험발사체 인증모델을 이용한 종합연소시험을 통

과해야 시험발사체 비행시험을 할 수 있다. 독자 개발한 75톤급 액체 로켓 엔진도 엔진시험장에서의 연소시험을 했을 뿐 실제 비행용 추진계통과 연계된 종합연소시험은 처음이었다.

드디어 2018년 3월 14일 종합조립동으로부터 실제 발사체 이송과 똑같은 과정으로 시험발사체 인증모델을 추진기관 종합연소시험장으로 이송하였다. 종합조립동에서 각종 기능시험과 점검을 마치고 수직 상태에서의 종합연소시험을 위해 롤아웃을 한 것이다. 인증모델은 실제 비행용과 동일한 성능을 갖도록 만들어진 것으로 5단계의 시험을 통해 최종 비행 성능을 검증하게 된다.

2018년 5월 17일 나로우주센터에 우리가 만든 추진기관 종합연소시험장에서 첫 연소시험이 진행됐다. 시험발사체 인증모델의 30초 연소시험이 거짓말처럼 한 번에 깔끔하게 성공했다. 이날이 오기까지 발생한 문제마다 결코 쉽게 넘어간 적이 한 번도 없었던 것 같고 힘들었던 기억만 떠올라 눈물이 핑 돌았다. 이후 두 번째 연소시험은 60초 동안 6월 7일에 정상적으로 진행됐다.

2018년 7월 5일, 태풍이 지나가고 이어진 장마전선의 영향으로 하루 종일 안개와 구름이 끼고 가랑비가 내리는 날씨에도 불구하고 계획된 일정대로 시험발사체 비행시험 전마지막 3차 종합연소시험을 했다. 아침 10시부터 시험 과정이 시작되었고 오후 3시에 연소시험 예정이었다. 이날 종합연소시험은 언론에서도 관심이 많아 현장 취재를 위해 많은 기자들이 와 있었고, 청와대 과학기술보좌관 일행도 시험 진행을 직접 참관하기 위해 나로우주센터를 방문했었다.

시험을 수행하는 연구원들도 다른 때보다 조금은 더 긴장한 상태에서 진행 과정을 신중하게 처리하다 보니 예정 시각보다 20분 정도 지연되고 있었다. 그런데 인증모델 추진제 탱크에 연료와 산화제가 충전된 후 자동시퀀스가 시작되기 직전 지상 장비와의 데이터 송수신 체크 과정에 오류신호가 뜨는 것이 아닌가…. 급하게 시험 진행을 중지시키고 무엇이 문제인지 원인을 찾기 시작했다. 심각한 문제가 아니거나 빠른 조치가 가능하다면 다소 시험이 지연되더라도 당일 계획된 시험을 취소하지 않고 진행할 수 있을 것 같았다.

제어통제실에서 데이터 송수신을 점검하던 시험책임자가 참관실로 뛰어왔다.

"어제 진행한 지상관제 컴퓨터 소프트웨어 업데이트 과정에 문제가 있었던 것 같습니다."

"그렇다면 오늘 시험은 더 진행하기 어려운가? 시험 진행을 중지한 채로 문제를 해결할 수는 없는가?"

"한 시간 정도는 작업해 봐야….'

"산화제가 충전된 상태로 유지가 가능한가?"

"현재 예상하기로는 지상 설비 공급량이 충분해 해 볼 만합니다."

일단 문제 해결을 위한 조치를 서둘러 진행하도록 지시해 놓고 잠시 우리는 고민에 빠졌다. 한 시간 안에 문제가 해결되어 계속 시험을 진행할 수 있다는 확신도 할 수 없는데 이 상태로 시험을 중지시켜놓고 갈 건지, 당일 시험을 취소하고 후속 조치를 할 것인지를 결정해야 했다. 언제든지 당일 시험이 어렵다고 판단되면 바로 시험을 취소하고 다시 준비하면 된다.

하지만 할 수 있는 한 최대한 방법을 찾아 문제를 해결하고 계획한 시험을 진행할 수 있다면 그 또한 의미가 있는 것 아니겠는가! 다행히도 한 시간이 조금 더 걸려 해당 문제를 해결한 뒤 다음 단계를 계속 진행할 수 있었다.

점화 10분 전 마지막 단계인 산화제 보충충전이 진행되고 있었다. CCTV 화면을 주시하고 있었는데….

"어! 저건 뭐지?"

"산화제가 흘러나오는 거 아니야?"

앞선 문제를 해결하는 시간 동안 극저온에 너무 오래 노출되어 있던 산화제 레벨센서가 오작동을 하였고 목표량보다 많이 채워진 산화제가 흘러나온 것이다. 급하게 보충충전을 중단하고 다시 또 시험 진행을 중지시켰다.

"레벨센서 오류로 정확한 산화제량은 알 수 없어도 연소시험은 진행할 수 있지 않나?"

"자동시퀀스에서 레벨센서 점검 기능만 패스시키면 진행에는 문제가 없을 것이다."

"액상으로 넘친 산화제에 의한 위험 요소는?"

"비행시험이라면 당연히 발사 취소를 해야겠지만 종합연소시험을 하는 데는 문제가 없다고 판단된다. 갑시다!"

그때 시각이 오후 5시경이었다. 결국 계획보다 2시간이나 지난 오후 5시 15분에 시험발사체 인증모델은 154.2초 동안 굉음을 내며 화염을 뿜어냈다.

시험이 정상적으로 끝난 뒤 6시가 넘은 시각에 시험 지연 사유와 종합연소시험 결과를 설명하기 위해 기자들 앞에 섰다. 긴장이 아직 풀리지 않아 정신없이 기자들 질문에 답변하고 나오는 나에게 센터 직원이 수고했다며 말을 건넸다.

"시험이 잘 끝나서 다행입니다. 과기보좌관께서는 무작정 기다릴 수만은 없고 다른 업무가 있으셔서 시험이 시작되기 30분 전쯤 올라가셨어요."

수많은 개발과정의 시험 중에 미리 짜인 각본대로 계획된 시간에 맞춰 딱딱 진행된 적은 거의 없었다.

시험발사체 인증모델의 154.2초 종합연소시험은 실제 비행을 가정해 발사체의 방향을 제어하기 위한 김벌링을 수행한 비행 전 마지막 시험이었다.

2018년 11월 28일 '누리호' 시험발사체 발사 성공 이후 3단의 추진기관 공급계통 시험과 종합연소시험이 차례로 진행되었다. 2019년 4월 25일 4차 수류시험 과정에서 연료밸브 오작동으로 인한 비상정지가 있었으나 해당 부품 교체 후 공급계통 검증을 마쳤다. 인증모델을 이용한 '누리호' 3단의 종합연소시험 또한 150초 1차 연소시험에 이어, 2020년 1월 30일 2차 시험에서 최대 연소시간인 538.5초를 진행했다. 비록 추력은 7톤급이지만 역대로 가장 긴 연소시험으로 기록되었고, 우리는 농담 삼아 인스턴트 컵라면 하나를 먹기에 충분한 시간이라고들 이야기했다.

마지막 남은 숙제는 추진기관 종합연소시험장 1스탠드에서의 '누리호' 1단 300톤급 종합연소시험이다. 한국형발사체 '누리호'의 발사 전 마지막 남은 고비라 할 수 있다. 75톤급 액체 로켓 엔진 4개를 묶어서 구성된 탓에 1, 2, 3단 중 가장 개발 난이도가 높고, 추력도 300톤에 달해 이를 시험하기 위한 시험스탠드도 매우 규모가 크다.

2020년 11월 18일 1단 인증모델을 1스탠드에 장착하고 기본적인 검증 절차를 마친 후 첫 30초 연소시험을 2021년 1월 28일 진행했다. 제어통제실 옆 참관실에서 아침부터 진행된 시험 준비과정을 지켜본 나는, 긴장한 탓에 입맛이 없어 점심도 거르고 CCTV 화면에 클로즈업되어 있는 75톤급 액체 로켓 엔진 4개의 노즐에서 눈을 뗄 수가 없었다. '누리호' 발사와 동일한 자동시퀀스에 의해 카운트다운이 시작되고 액체 로켓 엔진 점화와 동시에 붉은 섬광이 화면을 가득 채운 뒤 화염 유도로로 거대한 흰 수증기가 뿜어져 나오기 시작했다. 수초 뒤 제어계측동으로 전해오는 300톤의 추력이 만들어 내는 묵직한 진동과 웅장하게 전파되는 연소소리는 지금까지와는 차원이 다른 무게감이 느껴졌다. 참관실에 있던 어느 누구도 숨소리 하나 내지 못하고 신경을 곤두세우고 있었다.

침묵 속에 시험통제원의 목소리가 흘러나왔다.

"연소 10초경과!… 연소 20초경과!… 연소 30초! 엔진정지!… 연소종료 정상!"

우리는 누가 먼저라고 할 것 없이 자리에서 일어나 박수를 치며 서로 하이파이브를 했다. 예전 시험에서 경험해 보았듯이 무엇이든 처음이 제일 어려운 것이었다. 지금까지 어느 누구도 해보지 않은 규모의 종합연소시험을 우리가 만든 시험장에서 처음 시도해 성공했다.

다음 날 아침에 접근이 허용된 뒤 가본 시험장 1스탠드 주변의 상황은 예상보다 피해가 좀 있었다. 화염 유도로 측면 바닥 자갈이 쓸려나가고, 후방에 있던 보안지역 경계를 위한 바다 쪽 철조망은 화염 후폭풍에 쓰러져버렸다. 30초 연소시간에 '누리호' 1단에서 내뿜는 300톤의 후폭풍 위력은 우리의 예상을 뛰어넘는 정도였다.

시설 보강 후 2차 종합연소시험이 2021년 2월 25일 100초 동안 진행되었는데, 이때는 과학기술정보통신부 장관께서 시험 참관을 위해 나로우주센터를 방문했었고, 3월 25일 수

행한 125.5초 동안의 '누리호' 1단 마지막 종합연소시험에
는 대통령께서 직접 참관하고 관계자들을 격려해 주었다.

제 3 부

과학 로켓부터
누리호 발사까지

과학관측용
고체 로켓(KSR-I, II)
발사

    1986년 초에 국립천문대가 이름을 바꾸어 정부출연연구소로 재탄생했다. 한국전자통신연구소 부설 천문우주과학연구소로 출범해 천문 연구와 우주 과학 등 연구를 시작했다. 우주 분야에 대한 공학적 연구는 천문우주과학연구소 초대 소장님의 열정으로 시작되었다고 생각된다. 초대 소장님은 우주 분야 연구 개발을 위해 이학을 전공한 연구원이 대부분이었던 연구소에 발사체와 위성을 연구하기 위한 '우주공학실'을 신설하였고, 소위 공돌이라고 표현되는 공학을 전공한 연구원들을 뽑기 시작했다.

이때만 해도 국내 항공공학과가 있는 대학은 3개뿐이었는데 항공 분야에 대한 과목만 개설되어 있었다. 대부분이 항공기 관련 내용이었고, 발사체나 위성 등 우주에 관한 내용은 거의 없었다. 항공우주 분야 관련 학과가 있는 대학 수만 두 자리 숫자가 넘는 지금과 비교하면 너무나도 차이가 컸다.

천문우주과학연구소 '우주공학실'에서 처음으로 수행한 연구는 '과학연구용 로켓 개발을 위한 필수 기술 연구'이다. 1987년 8월 10일부로 시작된 이 과제는 비록 하드웨어를 만드는 것은 아니지만, 로켓 개발을 위한 선행 기초연구로서 대한민국 민간 로켓 개발의 시작이 아닌가 생각된다.

당시 정부 부처인 과학기술처에서는 우리나라의 항공우주산업을 정부 차원에서 체계적으로 육성하기 위해 항공우주 분야를 전문으로 하는 정부출연연구소를 설립하기로 하였다.

당시 창원에 있는 한국기계연구소에 '유체기계연구실'이

있있는데 주로 항공 분야에 대한 연구를 수행했다.

천문우주과학연구소 '우주공학실'과 한국기계연구소 '유체기계연구실'을 합쳐 1989년 10월 10일 한국기계연구소 부설 항공우주연구소가 설립된 것이다. 지금의 한국항공우주연구원은 이렇게 만들어졌다. 그 당시 초창기 창립 멤버는 44명이었다.

항공우주연구소로 탄생한 발사체 분야에서는 평화적 용도의 로켓 개발을 위해 소위 과학 관측 로켓 연구를 시작했다. 우주를 탐사하기 위한 과학 관측 로켓은 일반적으로 Sounding Rocket이라고 하는데 앞에 한국(Korea)을 붙여 KSR(Korea Sounding Rocket)이라고 불렀다.

1단형 과학관측용 로켓(KSR-I) 개발 사업은 3년 3개월의 연구 개발기간 동안 28.5억 원 연구비가 사용되었다. 말 그대로 고체 추진기관을 사용하는 1단 로켓으로, 전체 길이는 6.7미터, 직경은 42센티미터에 불과하다. 평균 추력 8.8톤을 13초 정도 내는 고체 추진기관을 사용하며, 유도제어기능이 없는 초보 단계의 로켓이다.

당시에는 과학관측용 Sounding Rocket을 발사할 수 있는 인프라가 구축된 민간용 발사장이 없었다. 국방을 위한 미사일 개발을 목적으로 사용하고 있는 군 관련 시험장과 발사장 시설 활용이 그나마 가능했다. 하지만 이것도 로켓 비행시험 시 추적을 위한 레이다 등 활용이 가능할 뿐 로켓을 세워서 발사하는 발사대 같은 설비는 없었다. 군 관련 발사장 부지를 빌려 과학관측용 로켓을 발사하기 위해서 이동과 철수가 가능한 형태의 이동식 발사대를 만들어서 KSR-I과 KSR-II 발사에 활용하는 것이 최선이었다. 트레일러에 연결해서 발사장으로 이송하고 수평 상태로 로켓을 발사대 레일에 올린 후 수직으로 세워서 발사하는 방식이다. 처음 하는 것이라 로켓이 발사대 레일을 잘 벗어날 수 있을지, 또 로켓이 움직이기 시작함과 동시에 점화 케이블이 잘 분리될지 걱정이 매우 컸다. 과학관측 로켓 고체 추진기관을 점화하기 위한 착화기에 점화 케이블을 연결하는 커넥터 형상은 마치 돼지 코와 같이 둥글게 생겨 우리는 '돼지 코'라고 부르곤 했다. 이동식 발사대를 처음 만들고는 제작업체 공터에서 발사대에 여러 명이 올라가 로켓 모형을 레일에 올려놓고 "하나! 둘!" 구령 소리에 맞춰 앞으로 밀면서 '돼지 코'가 잘 이탈되는지 반복적으로 실험을 했다. 조금은 무식해 보일 수도 있겠지만 점화 케이블이 잘 분리되는지 확인하는 가장 확실한 방법이었다.

첫 비행시험용 고체 추진기관을 만들 때였다. 경화된 고체 추진제 형상에 기포나 크랙 등이 없는지 확인하는 비파괴검사 결과, 규격보다 크기가 큰 기포가 몇 개 발견되었다. 이는 잘못되면 고체 추진기관 연소과정에 급격하게 연소면적이 커질 수 있고, 이로 인해 내부압력 증가로 인한 폭발을 일으킬 수도 있다. 다시 만들게 되면 일정 지연이 불가피하고 급격한 폭발로 이어지지 않을 수도 있으니 그냥 사용하자는 일부 의견도 있었으나, 우리는 원칙대로 다시 만들기로 했다. 그러나 예산이 충분하지 않아 여분으로 만들어 놓은 모터 케이스가 없었고, 새로 만들기 위해서는 소재 확보와 제작공장 일정 때문에 언제 만들 수 있을지조차 알 수 없었다. 결국 모터 케이스를 재활용하기 위해 우리는 고체 추진제를 긁어내기로 했다. 워터 제트를 사용하여 추진제를 조금씩 조각을 내서 긁어내는 작업으로 보통은 보관수명을 다한 고체 추진기관을 처리하는 방법 중 하나이다. 고체 추진제 특성상 폭발이 일어날 수도 있는 매우 위험한 작업이었으나 우리는 과학관측용 고체 로켓(KSR-I)의 첫 비행시험용 고체 추진기관을 이렇게 다시 만들었다.

1993년 6월 4일 첫 비행시험에서 KSR-I은 고도 39킬로미터에 도달하며 기본적인 한반도 대기 탐사를 수행했으며, 190초 동안 직선거리 77킬로미터를 비행했다. 이것이 나의 첫 로켓 발사였다. 내가 손으로 모눈종이에 그려 설계하고 직접 발로 뛰어 만들고 실험했던 고체 추진기관이 불꽃을 뿜으며 하늘로 날아가는 모습은 지금도 잊어버릴 수 없는 가슴 벅찬 추억이 되었다. 발사 직전에 마지막으로 발사대에 올라가 고체 추진기관을 점화하기 위한 착화기에 점화 케이블을 연결하고 발사대에서 내려오기 전 기체에 손을 얹고 말했다.

"잘 날아가서 임무를 완수해 다오."

1993년 9월 1일 2차 비행시험에서는 49킬로미터 고도에 도달해 한반도 상공의 오존층 분포를 측정하였다.

213초 비행해 101킬로미터를 날아갔다. 이날 2차 비행시험 때는 과학기술처 장관께서 격려차 방문하여 성공적인 비행시험을 참관하고 발사장에서 참여 연구진을 격려해 주었다.

2단형 과학관측용 로켓(KSR-II) 개발 사업은 53.4억 원 연구비가 투입되어 3년 반 동안 연구개발이 진행되었다. 1단형인 KSR-I과 동일한 설계의 고체 추진기관을 2단으로 하고, 1단에 21.5톤 추력을 4.5초 동안 내는 추력 보강용 고체 추진기관을 사용하였다. KSR-I보다 더 높은 고도를 비행하기 위해 발사장에서 이륙할 때 힘이 더 큰 고체 추진기관을 붙이고, 2단형으로 구성한 것이다. 로켓의 1단, 2단 분리를 위한 단 분리 장치를 적용하고, 관성항법장치를 사용하여 자세제어를 수행한 첫 로켓이다.

1997년 7월 9일 KSR-II 첫 비행시험을 수행하였으나 불행히도 이륙 후 20여 초 만에 통신이 끊겨 이후 비행 데이터를 얻지 못했다. 로켓 비행시험 시 통신이 끊기면 비행에 관련된 데이터나 과학 측정 데이터를 얻을 수 없으므로, 비록 로켓의 비행이 정상적으로 이루어졌다고 해도 비행시험은 실패한 것이나 마찬가지였다.

2단형 과학관측용 로켓(KSR-II) 첫 비행시험 실패는 로켓을 개발하기 시작한 우리에게 연구개발 과정에서의 비행시험 실패가 얼마나 큰 시련을 가져오는지 뼈저리게 느끼게 한 계기가 되었다. 소위 '완장 찬 점령군' 형태의 로켓 시스템을 한 번도 개발해 본 적 없는 비전문가로 이루어진 '실패 원인 조사단'이 과연 얼마만큼 실질적으로 실패 원인을 찾을 수 있고 문제를 해결하는 데 도움이 될지는 아직도 의문이 든다. 상세한 기술 내용에 대해서는 설계와 개발에 직접 참여한 연구원만큼 잘 알지 못하면서도, 기술적 타당성이 낮은 무리한 지적을 하기 일쑤였다. 심지어 일부 위원은 조사를 핑계로 설계 자료를 요구했는데 보안규정을 지키지 않고 가져 갔다가 적발되기도 했었다. 비록 비행시험에 실패한 죄책감 때문에 대놓고 이의를 제기할 수는 없었으나, 이러한 갈등으로 많은 연구원들이 몸과 마음의 상처를 받았으며 일부는 울분을 삭이지 못하고 병이 생겨 지금까지도 병원 처방을 받아 약을 복용하고 있다.

1차 발사에서 통신이 두절된 원인은 탑재된 관성항법장치의 회로를 구성하고 있는 작은 전기부품 고장으로 확인되었다.

1998년 6월 11일 KSR-II 2차 발사는 완벽한 성공이었다. 고체 추진기관을 사용하는 2단 로켓으로서 1단 점화에 이은 비행 중 2단 점화 기술, 폭발볼트를 이용한 2단 분리 기술과 관성항법장치를 이용하여 로켓의 자세를 제어할 수 있는 자세제어 시스템 등 우리가 설계하고 만든 시스템이 비행 과정에 완벽하게 성능을 발휘한 결과였다. 아주 초보적인 단계이고 아직은 성능개량의 과정이 필요한 수준이지만, 이어지는 후속 발사체에 필요한 기술로써 우리의 독자적인 비행시험 이력을 쌓아가는 첫 발걸음이 되었다.

KSR-II는 2차 비행시험에서 364초 동안 124킬로미터를 비행했으며 고도 137킬로미터까지 올라가, 우리나라 상공의 오존층과 이온층을 측정하기 위한 수단으로서의 로켓 기능을 완벽하게 마쳤다.

2단형 과학관측용 로켓(KSR-II)은 우리가 처음으로 고도 100킬로미터 이상의 우주로 올려보낸 첫 작품이었다.

힘들게 날아오른
첫 과학관측용
액체 로켓(KSR-III)

"5초 전, 4초, 3초, 2초, 1초, 발사!"

2002년 11월 28일 14시 52분 26초, 충남 서해안 안흥 인근의 섬에서 우리나라 최초의 액체 추진제 과학 로켓 KSR-III가 불을 뿜고 서서히 하늘로 솟아오르고 있었다. 옅은 구름 사이를 몇 번 뚫고 치솟아 올라가며 로켓 노즐의 불꽃만 깜빡일 때쯤 멀리서 전해져오는 엔진 소리는 땅을 약한 진동으로 흔들고 있었다.

몇 분 뒤 박수를 치며 하늘을 올려다보고 있는 사람들 앞에서 나는 '비행시험이 성공했다'라는 기쁜 마음보다 왠지 모를 허탈감에 맥이 탁 풀려버렸다. 순간 울컥해 눈물이 솟구쳐 오를 지경이었다. 사실 발사 순간이 오기까지의 과정이 너무나 힘들었기 때문이다.

KSR-I과 KSR-II는 군사적으로 많이 사용되고 있는 고체 추진제를 사용하는 로켓인 반면, KSR-III는 등유와 액체산소를 연료와 산화제로 사용하는 국내 최초의 액체 추진제 로켓이다. 과학관측용 로켓의 성능향상이나 궁극적인 인공위성 발사체 개발을 위해서는 추진기관의 대형화와 고성능화가 필수적이다. 이를 위한 고체 추진기관의 대형화는 경제성이나 국제적인 기술이전 제약환경을 고려할 때 액체 추진기관에 비하여 불리한 것으로 판단되었다.

국내 최초의 액체 추진제를 사용하는 과학 로켓 KSR-III 개발은 1997년 12월 24일부터 2002년 12월까지 5년에 걸쳐 총 780억 원의 연구비가 투입되었고, 과제의 핵심은 가압식 액체 추진기관을 개발하는 것이었다. 우주 선진국의 도움 없이 순수 독자 기술로만 액체 추진기관 시스템을 개발하기에는 우리의 실력이 너무나 형편없었기 때문에, 고성능의 터보펌프를 사용하는 액체 로켓 엔진 개발은 어렵다고 판단하고 가압식 액체 로켓 엔진 개발로 연구 방향을 결정한 것이다. 가압식은 추진제 탱크에 비활성 고압가스 헬륨을 가압해 연소실로 연료를 공급하는 방식으로, 연소실 압력을 높이는 데 한계가 있으며 엔진 성능이 매우 낮다. 또한 추진제 탱크도 가해지는 압력을 견딜 수 있도록 두껍게 만들어야 해서 발사체 무게가 결코 가벼울 수가 없다.

액체 로켓 엔진은 연료와 산화제를 각각의 추진제 탱크로부터 공급받아 연소실 안에서 연소시켜 추력을 얻는다. 액체 추진기관 시스템에 대한 분야는 물론이고 핵심인 연소기에 대한 기초적인 연구조차도 변변치 않았던 당시라 액체 로켓 엔진 성능조차 변동 폭이 매우 컸고 개발과정에 추력도 7톤, 9톤에서 13톤급으로 변경되었다. 극저온용 추진제 탱크와 고압의 가압 탱크를 국산화하기 위한 구조해석과 설계뿐 아니라, 복합재 탱크의 제작과 시험기법 개발 등 경량 구조물 개발을 위한 국산화 능력 확보에 어려움 또한 많이 있었다.

개발과정에 하나서부터 열까지 어느 부품 하나 쉽게 만들어지지 않았고, 기능시험에서도 요구되는 성능을 한 번에 만족시킨 적이 없었다. 우리를 더욱 불안하게 만든 것은 극저온용 밸브들의 작동 신뢰도가 충분하지 않아 기능을 잘하다가도 언제 다시 고장이 날지 모른다는 것이었다. 사실, 비행시험 전 마지막 단계인 단 인증 시험 중에도 문제가 된 일부 부품을 교체해가며 시험을 진행했었다. 말 그대로 '맨땅에 헤딩하는 식'으로 과정 과정에 생기는 문제를 해결해 나갈 수밖에 없었다.

과학관측용 액체 로켓(KSR-III) 비행시험을 위해 국과연 안흥종합시험장 섬에 발사를 위한 설비를 구축하였다. 2001년 초부터 기초 토목 공사를 시작하고 발사대와 조립타워, 추진제 공급 설비 등 장비를 섬으로 옮기기 시작했다. 당시 대형 구조물 수송을 위한 대형 바지선은 대천항에서 출발했고, 그보다 작은 장비나 일부 작업 인원들은 국과연 안흥시험장 소속 배를 이용하기도 했다. 보통은 안흥항에서 일반 낚싯배를 임대해 사용했는데, 날씨 영향으로 배가 출항하지 못해 며칠씩 항구에 대기하는 경우도 종종 있었다.

초기에는 말 그대로 노가다 현장이었다. 기초토목 공사 중에는 포크레인으로 한쪽 구석에 땅을 파고 합판으로 3면을 막아 야전용 화장실을 만들었다. 그나마 다행이었던 것은 물이 부족한 섬인데도 불구하고 큰 합판을 세우고 물이 나오는 수도꼭지를 달아 제한적으로나마 샤워를 할 수 있었다. 물론 잠은 컨테이너 임시 숙소에서 해결했다. 얼마나 환경이 열악했으면 정기적으로 부식 공급을 위해 섬에 들어오는 배를 타고 인부가 도망간 적도 있다고 했다. 발사를 위한 유공압 설비 설치 때 숙소 문제는 다소 나아졌으나, 식사 해결을 위해 협력업체 담당자들이 돌아가며 끼니마다 밥을 히고 설거지를 했다. 그나마 군대 취사병 출신이 한 명 있어서 다행이었다.

남의 집에 세 들어 사는 설움이라고나 할까. 다른 연구소 발사장을 빌려 우리 설비를 구축하다 보니 소위 집주인의 횡포(?)에 열받은 적도 있었다. 협의한 일정에 맞게 발사대 조립타워를 반이 넘게 세웠는데 자기들 시험 일정이 당겨져 철거해 달라고 요구해 왔다. 열악한 환경에 하루라도 빨리 작업을 끝내고 섬을 탈출하려던 작업자들이 가만있을 리가 없었다. 육두문자 욕을 해대며 분해하는 철골 구조물을 바닥으로 집어 내팽개쳤다. 조립할 때 다시 써야 하는 철골 구조물에 화풀이를 해댔다.

'산 넘어 산'이라고 현장에서 예상치 못하게 발생하는 문제들을 그때그때 최선의 방법으로 해결하였고, 드디어 비행시험용 기체를 발사대 위에 세울 수 있었다.

　발사 전 마지막으로 진행하는 과정으로 비행용 기체 시스템 점검과 추진 시스템 부품의 작동 재현성을 파악하기 위한 시험을 시작했다. 이때부터 한 달 가까이는 하루도 마음 편할 날이 없었다. 2002년 10월 29일 추진기관 공급계통 점검에서 산화제 배관 누설을 시작으로, 11월 6일에는 연료 주 밸브 불량과 누설, 11월 22일에는 산화제 벤트 밸브 불량이 발생했다. 주로 극저온 환경에서의 기밀과 작동 재현성의 문제로 파악되었고, 예비품으로 교체해 시험을 이어갔다. 한번은 현장에서의 조치가 어려워 급하게 낚싯배를 불러 뭍으로 나가 수리해서 오기도 했었는데, 흔들리는 배 안에서 '과연 KSR-III 비행시험이 성공할 수 있을까? 아니, 발사할 수나 있을까?'라는 생각도 했었다.

　지금 생각하면 액체 추진제를 사용하는 로켓을 처음 개발해 보는 '로켓 초보자'로서 겪어야 하는 당연한 과정이 아니었나 싶다. 하지만 솔직히 그때 심정은 '죽을 맛!'이었다.

　발사를 이틀 남겨두고 사업책임자로부터 뭍으로 나가라는 지시를 받았다. 당시 말썽 많던 추진기관 시스템을 총괄하고 있던 나였기에 문책성(?) 조치라고 볼 수도 있겠으나,

뭍에 있는 참관실에 발사를 참관하러 오는 분들께 비행시험 진행을 설명할 사람이 필요했던 것이었다.

오존 및 자기장 측정을 위한 과학관측용 센서를 탑재한 KSR-III의 제원은 총길이 14미터, 직경 1미터, 발사 시 무게는 6톤이다. 3,000여 개의 모든 부품들을 독자적으로 설계하고, 국내 산업체에서 개발한 순수 우리 토종의 국내 최초 액체 추진제 로켓이 날아올랐다. 2002년 11월 28일 발사된 KSR-III는 고도 42.7킬로미터, 비행거리 79.5킬로미터를 231초 동안 날아갔고 첫 비행에 성공했다. 비록 한 번의 시험비행으로 끝났지만 나름 의미 있는 비행이었다. 곱씹어보면 당시 우리의 액체 추진 로켓 발사가 얼마나 겁 없는 도전이었나 싶고, 어느 정도 운도 따랐다고 생각된다.

KSR-I, II를 통하여 개발된 국내 기술력을 바탕으로 로켓 시스템 체계 설계, 임무 설계, 구조 설계, 형상 관리, 유도 제어 및 자세 제어 시스템 개발 등 KSR-III에 필요한 모든 시스템들을 자력으로 개발하였다. 새롭게 도전한 추진기관 시스템은 완벽하지는 않지만 국내 활용 가능 기술을 최대한 살려 국산화에 역점을 두었다.

비록 1단의 액체 로켓이지만 국내 기술력으로 처음 개발하여 첫 비행에 성공한 KSR-III 액체 추진제 로켓이 갖는 의미는 특별하다고 할 수 있다. 위성발사체를 개발하기 위한 핵심적인 기초기술을 우리의 독자적인 능력으로 확보할 수 있게 되었고, 인공위성을 다른 나라 발사체를 이용하는 대리 발사가 아닌 자력 발사할 수 있는 기술력을 갖는 우주산업 국가로 진입할 초석을 확보했다고 볼 수 있다.

너무 아쉬운
'나로호' 1차 발사

'나로호'는 소형위성발사체 KSLV-I(Korea
Space Launch Vehicle-I)로서 2001년과 2002년
에 수행된 기획연구를 통해 준비된 프로그램
이다. 말 그대로 소형위성을 우주 궤도에 투입
하기 위한 위성발사체로서 당시 우리가 확보
하고 있는 과학관측용 로켓 개발 능력만으로
는 목표 달성을 위해 넘어야 할 기술적 문제들
이 너무나 많았다. 기술적 한계뿐 아니라 개발

일정과 경제적 효율성 등을 고려하여 국제협력을 통해 추진하기로 결정하였고, 몇몇 우주 선진국들과의 접촉을 통해 실질적인 협력 가능성을 확인한 결과 러시아와의 협력으로 진행하게 되었다.

당초 우리는 고성능의 액체 로켓 엔진 분야에 대한 협력을 생각하고 엔진회사를 접촉하였으나 발사체 시스템 기술을 총괄하는 체계종합 업체와의 기술협력으로 방향이 결정되었고, 이후 러시아 내부 기관끼리의 조율 문제와 양국 간 계약이행을 위한 협정 등을 체결하느라 실질적인 계약체결은 다소 시일이 걸렸다.

소형위성발사체 개발을 위한 러시아와의 계약체결 후 본격적인 설계와 협의를 위해 분야별로 나누어 '공동 설계팀'을 구성하였고, 2005년 2월부터 20~30명 규모로 파견팀을 구성해 러시아에서의 협업을 시작했다. 러시아 파견사무실에서 분야별로 시간을 나누어 기술협의를 진행하다 보면 회의실 사용이 중복되는 경우가 있었다. 이런 경우 보통 우리 파견자들이 사용하는 사무실에서도 회의를 했다. 몇 시간씩 이어진 회의를 하다 보면 러시아 전문가가 갖고 온 자료 중 일부를 잊어버리고 그냥 두고 가는 경우가 있었는데, 가끔은 그런 종이 안에서 노다지가 나오기도 했다. 한번은 전날 다른 분야 회의가 늦게까지 있었는지 회의실이 청소되어 있지 않았는데, 사무실 쓰레기통 안에 뭐라 러시아어로 쓰여 있는 서류가 몇 장 들어 있었다. 일단 다짜고짜 챙겨놓고 나중에 사전을 찾아가며 번역을 했다. 이후에도 가끔씩 우리는 사무실 쓰레기통을 기웃거렸다.

식사라도 한두 번 같이하거나 보드카를 같이 마신 뒤에는 조금은 친해진 것 같았다. 처음에는 자기들만의 원칙에 따라 회의 중 기술적 자료를 우리들에게 주지 않았던 러시아 전문가들도 반복되는 만남으로 어느 정도 친해지자 분위기가 바뀌었다. 오히려 적극적으로 보안요원을 커버해 주었고, 일부러 우리에게 기회를 만들어 주기도 했다. 슬쩍 기술문서나 도면을 책상 위에 올려놓은 뒤 잠시 담배를 피우자며 브레이크 타임을 제안해 보안요원을 데리고 밖으로 나갔다. 물론 우리는 두 조로 나뉘어 한 명은 담배를 같이 피우며 쓸데없는 이야기로 시간을 끌었고, 남은 사람들은 열심히 자료를 베꼈다.

나로우주센터에서 처음에는 러시아에서 갖고 온 로켓연료의 성분을 우리가 알 수 없도록 철저하게 관리했다. 실험한 뒤 버릴 때도 다른 성분을 섞어서 자기들 입회하에 폐유 처리 하도록 했다. 그러나 우리가 누구인가. 기어코 로켓연료 성분을 알아냈다.

'나로호' 1단은 러시아에서 설계, 제작한 후 한국으로 이송하였다. 러시아 모스크바 발사체 제작공장에서 러시아 율리야노브스크 공항까지 기차로, 부산 김해공항까지 안토노프 러시아 화물수송기로, 부산신항까지 대형 트레일러로, 마지막 나로우주센터까지는 3,000톤급 바지선에 실려 왔다. 육해공 모든 이동 수단을 이용해서 일주일 만에 말이다.

'나로호'와 관련된 모든 것들은 소위 전략물자로 분류되어 보안규정이 철저했다. 특히 1차 발사를 위해 러시아에서 한국으로 이송되는 1단에 대해서는 일정과 이송 루트 등이 철저하게 보안에 부쳐졌다. 그런데 이송을 열흘 앞두고 언론에 이송 관련 기사가 나가버렸다. 이후 문제가 불거져 경위 조사가 진행되었고, 이송을 담당하는 업체 간부가 무심코 기자 질문에 낚여(?) 발설하고 만 것이었다. 이로 인해 해당 업체에는 경고가 본인에게는 인사 조치까지 내려졌다.

한국이 개발한 상단 고체 모터와의 조립은 나로우주센터 조립동에서 이루어졌다. 이와 병행해서 새롭게 구축한 발사장 시설 설비도 검증 과정을 통해 발사 준비를 마쳤다.

'나로호' 발사를 위한 발사장을 구축할 때, 지상 장비용 고압 밸브를 국내에서 구할 수 없어 결국 대만에 OEM으로 해당 부품을 만드는 회사와 접촉했다. 당시 그 회사의 밸브 제작공장은 중국에 있었는데 하필 쓰촨성 지진이 일어난 때였다. 공장이 직접 지진피해를 입지는 않았으나 많은 작업자들 가족이 지진으로 실종되었던 터라, 결국 제작에 차질이 생길 수밖에 없었다. 납품이 수개월 이상 늦어질 수밖에 없었는데, 대만업체 대표가 적극적으로 전 세계에 있는 자사 대리점을 뒤져 해당 밸브를 공급해줘서 그나마 일정 지연을 최소화할 수 있었다.

발사체 비행경로상 안전을 위한 해상 교통량 현장조사도 필요했다. 고흥 나로우주센터 주변과 비행경로상의 유인도에 거주하는 주민현황뿐 아니라, 공해상까지 비행경로상 해상 교통량 조사를 해야만 했다. 당시 한국해양연구원 연구선인 온누리호를 이용해 비행안전 담당 연구원 5명이 10일간의 항해를 했는데, 처음 겪어보는 좁은 선실에서의 생활도 생활이지만 하루 3교대로 이루어진 8시간 근무는 눈이 빠질 지경이었다. 특히, 페어링과 1단 낙하 예상 구역 주변에서 흔들리는 배 안에서 꼬박 선교를 지키며 선박 레이더와 선박 자동 식별 장치 등을 통해 해상을 이동하는 선박의 위치 등을 일일이 체크하고 망원경으로 확인하느라 말이다. 1,500톤급이 좀 안 되는 대양을 항해하기에는 조금은 작은 선박이었고, 파도에 속수무책으로 흔들려 뱃멀미로 인해 모두들 초주검이 되었다.

드디어 2009년 8월 19일을 첫 발사일로 정하고 발사 2일 전부터 시작되는 발사 캠페인을 시작하였다.

D-2, 8월 17일 새벽부터 비가 오락가락하는 궂은 날씨에 우리들 마음도 참참해졌다. 오전까지 비가 올 것이라는 일기 예보 때문에 전날 조립동에서 만반의 준비를 해 놓은 상태였으나, 아무래도 발사장까지의 이송 과정이 신경 쓰일 수밖에 없었다. 다행히도 날씨가 더 이상 악화되지는 않았고, 우리는 준비된 대로 아침 8시 15분에 '나로호' 첫 발사를 위한 롤아웃을 시작했다. 조립동에서 모습을 드러낸 '나로호'가 비로 인해 젖어 있는 1.5킬로미터의 이송로를 따라 앞뒤로 에스코트를 받으며 발사장에 도착하는 데는 1시간이 조금 넘게 걸렸다. 그동안 발사장에서는 사전 준비 작업을 마치고 조립동으로부터 이송되어 모습을 드러낸 '나로호'를 맞이하

였다. 이송된 '나로호'에 대한 기본적인 점검과 전기 엄빌리컬 연결 이후, 수직으로 세우는 작업과 추진제 충전과 배출을 위한 유공압 엄빌리컬 등을 연결하고 기밀시험을 완료하면 당일 작업이 끝난다.

거의 모든 작업이 발사대에서 러시아 측 전문가와 우리 측 인원이 분야별로 조를 이루어 진행되었으며, 모든 작업에는 우리 측 통역요원과 러시아 측 보안요원이 항상 같이 있었다. 사실 이날의 작업은 그렇게 기술적으로 어려운 작업은 아니었지만 각각의 단계별로 확인과 점검이 필요하기 때문에 거의 하루 종일 걸려 밤 10시가 다 되어서야 끝났다. 종일 된 작업으로 모두들 몸은 힘들었으나 특별한 문제 없이 D-2 작업이 마무리되었다.

다음날 8월 18일, D-1 발사 하루 전 작업이 아침 9시부터 시작되었다. 이날 작업은 주로 발사관제센터 안에서 원격으로 발사와 동일한 절차로 진행되는 종합리허설이다. 실제로 추진제만 충전하지 않을 뿐 탑재제어 시스템을 1단, 2단 각각 점검해 '나로호'가 비행할 준비가 되어 있는지 확인하는 과정이다. 순조롭게 오전 점검이 끝나고, 오후 점검을 진행하려는데 김대중 전 대통령의 서거 소식이 전해지면서 발사관제센터 내 분위기가 어수선해졌다.

"내일 발사 못 하는 거 아냐?"

"'나로호'를 이미 다 세웠는데…." 웅성거리는 소리에 러시아 전문가들도 잠시 업무를 멈추고 관심을 갖기 시작했다. 얼마 지나지 않아 계획대로 진행한다는 결정이 전달됐고 저녁 늦게까지 모든 점검 작업이 정상적으로 마무리되었다.

2009년 8월 19일 발사 당일 아침부터 안개가 잔뜩 끼어 있었다. '나로호' 첫 발사 시각을 오후 5시로 정하고 아침 9시부터 발사 준비 작업이 시작되었다. 점심까지 이어진 발사체 점검이 끝나고 오후에 발사대 주변 인원 소개와 함께 추진제 충전도 순조롭게 진행되었다. 유관기관 협조로 발사장 주변과 비행경로 상의 해상 소개도 계획대로 진행되고 있었고, 드디어 발사 50분 전 '나로호'를 잡고 있던 기립 장치를 눕히자 이제는 '나로호'가 홀로 서서 발사 전 마지막 숨고르기를 하고 있었다.

'나로호' 발사는 15분 전부터 발사자동시퀀스에 의해 진행된다. 이륙 직전 15분 동안 마지막으로 비행 준비상태를 컴퓨터가 점검해 정상상태인지를 판단하는 것인데, 만약 사람이 수동으로 진행하면 긴장한 탓에 실수할 가능성이 있어

이를 배제하기 위해 자동으로 진행하도록 되어 있다.

드디어 발사 초읽기에 들어갔다. 발사통제동 발사관제센터 카운트다운 시계가 '-00:15:00'에서 시작됐다. 자리 앞 모니터와 대형 스크린에 클로즈업되어 있는 '나로호'를 번갈아 보며 초조하게 숨죽이고 있는데, 러시아 측 콘솔에서 웅성거리는 소리가 들리는가 싶더니 카운트다운 시계가 멈췄다.

'-00:07:56'

발사 476초 전에 발사자동시퀀스에서 비상정지가 걸려버린 것이다. 여기저기서 "아…." 외마디 탄식의 소리와 함께 바로 발사중지모드로 전환되어 추진제 배출과 상온으로의 치환 작업이 실행되었고, '나로호'는 다음날 조립동으로 힘없이 다시 내려왔다.

'나로호' 첫 발사 시도는 이렇게 연기되었다. 발사 중지 원인은 1단 엔진과 관련된 발사자동시퀀스 프로그램 오류로 확인되었다. 발사 중지 원인을 찾고 프로그램을 수정하는 작업 이후에 다시 발사일을 8월 25일로 잡았다.

D-2, D-1 작업은 특별한 문제 없이 진행되었고 발사 성공에 대한 기대감 역시 매우 커졌다.

다시 도전하는 '나로호' 첫 발사 성공을 기원하는 마음으로 D-1 작업이 마무리된 후 늦은 밤에 보직자 몇 명이 모여 발사대로 올라갔다. 조명을 받으며 서 있는 '나로호' 주변을 돌며 우리는 각자 마음속으로 빌었다.

'오늘 모습을 마지막으로 내일 비행이 성공적으로 이루어지기를….'

밤에 보는 마지막 모습이기를 빌었다.

성공을 비는 간절한 마음은 언제나 한결같았다. 지금은 고속도로가 생겨 오가기가 많이 수월해졌으나 KSR-I, II, III 사업을 위해 안흥에 다닐 때는 국도를 타고 한참을 달려야만 했다. 중요한 시험이 있어 가는 경우는 가급적 시간을 쪼개 들리던 곳이 있다. 예산 덕숭산에 있는 수덕사다. 대웅전에만 잠깐 들러 간절한 마음을 담아 삼배를 하고 가곤 했다.

소형위성발사체 '나로호' 2단 킥모터의 고공환경 모사시험을 위해 고흥만 항공시험센터에 출장을 다닐 때도 마찬가지였다. 보통 주 단위로 시험 계획을 짜고 2~3일 전부터 현장에서 시험을 준비하고는 했다. 각자 출장 가는 루트는 서로 달랐으나, 나는 가급적 주암호를 끼고 가는 길을 이용했다. 드라이브하기 좋은 경치도 경치였지만 조계산에 있는 송광사에 잠깐 들렀다 가기 위해서였다. 각자 종교와는 상관없이 계획된 시험이 잘되기를 바라는 간절한 마음으로 찾았다. 대웅보전 앞에서 마음의 불심을 모아 기도하고 가곤 했다.

나로우주센터에서 진행되는 중요한 시험이 있을 때는 출장 가는 길에 들를 만한 마땅한 곳이 없었다. 센터에 있는 동안 잠시 짬이 생기면 고흥 발포만호성에 있는 충무공 이순신 장군의 영정을 모신 사당 충무사에 들렀다. '일체유심조 (一切唯心造)'라고 모든 것은 마음먹기에 달렸다는 것을 모르는 것은 아니나 당시 우리들 심정은 그랬었다.

8월 25일 아침 수평선 넘어 떠오르는 해를 보며 기숙사를 떠나 발사통제동으로 올라갔다. 발사 당일 발사체 점검과 추진제 충전작업이 계획대로 순조롭게 진행되었다. 발사 2시간 전쯤 산화제 탱크에 액체산소가 채워지면서 탱크 외벽에 얼음이 끼며 '대한민국' 글씨가 사라지기 시작했다. 15분 전 발사자동시퀀스가 시작되고 우리는 모두 1차시도 때 멈춰섰던 마의 시각인 '-00:07:56'이 무사히 넘어가기를 두 손 모아 빌고 또 빌었다. 매초마다 껌뻑이며 넘어가는 카운트다운 시계가 멈추지 않았다. 잠시 후 "1단 점화! '나로호' 이륙!", "비행 정상!" 우리는 그대로 성공하는 줄 알았다.

'나로호' 첫 발사는 1단 비행구간 중 위성을 보호하고 있는 페어링 한쪽이 분리되지 않았고, 이로 인해 위성을 궤도에 투입하는 임무에 실패했다. 그러나 1단 작동, 1단과 2단의 분리, 2단 작동과 위성 분리까지 다른 이벤트들은 모두 잘 이루어졌다.

2009년 8월 28일 '나로호' 1차 발사가 실패했음에도 불구하고 당시 대통령께서 연구진들을 격려하고자 나로우주센터를 방문하였다. '나로호'를 조립했던 조립동 안에 '나로호'의 빈자리를 100여 명의 연구원들이 채웠다. 대형 태극기를 뒤로하고 동그랗게 자리가 마련되었고, 연구원 몇 명의 소회 발언에 이어 대통령님의 격려 말씀이 있었다. 이후 참석자 모두와 일일이 악수를 하고 사진을 찍는 순서였는데, 줄을 서서 기다리다 차례가 다가온 한 연구원이 대통령 앞에서 갑자기 잠바 안주머니에 손을 넣는 것이 아닌가. 대통령께 사인을 받기 위해 작업 모자와 유성 펜을 꺼낸 것이었는데 주변에 있던 경호원들도 순간 긴장하는 듯했고 우리들도 당황했었다. "정 사인을 받고 싶으면 미리 꺼내서 들고나 있던지…."

"너 자칫했으면 총 맞을 뻔했어!"

'나로호'
2차 발사는…

   '나로호'는 2009년 8월 25일 첫 발사에서 쓰라린 실패로 기록되었다. 1차 발사 후 현장 정리와 후속 조치 등을 채 끝내기도 전인 8월 28일 '나로호 발사 조사위원회'가 꾸려졌다. 조사위원회는 객관성을 이유로 항우연과 관련 기업 인원을 배제한 채 관련분야 전문가인 외부 인원으로만 구성되었다. 그러나 그중 우주 발사체를 개발해 보거나 발사해 본 경험이 있는 사람은 없었다. 이와는 별도로 항우연과 러시아 전문가와의 '한·러 공동조사위'를 통해 페어링 비정상 분리에 대한 원인 파악과 조치사항을 검토하고 있었다. 어찌 됐든 5개월여에 걸친 활동 끝에 '나로호 발사 조사위원회'는 2010년 2월 8일 조사내용을 공식 발표하였고, 우리는 발사 성공확률을 조금이라도 더 높이기 위해 추가시험을 수없이 수행했다.

3월부터 본격적으로 나로우주센터에서의 '나로호' 2차 발사 준비 작업에 들어갔다. 1차 발사 때와 마찬가지로 '나로호' 1단이 4월 4일 11시경 러시아 안토노프 화물수송기에 실려 부산 김해공항에 도착했다. 안토노프 화물기는 150톤 화물을 실어 나를 수 있는 세계에서 가장 크고 무거운 짐을 옮기는 수송기 중 하나이다. 김해공항부터 부산신항까지 35킬로미터의 육상 이송은 '나로호' 1단 이송 과정 중 가장 많이 신경 쓰이는 구간이었다. 워낙 차량 통행도 잦고 특히 화물 트레일러들이 거의 무법천지로 달리는 도로를 지나야 하기에, 우리는 그나마 차량 통행이 적은 자정 무렵 출발했다. 안전한 이송을 위해 유관기관의 협조를 받아 순찰차, 경찰 특수기동대, 소방차, 앰뷸런스 등 무려 10여 대의 차량이 앞뒤, 좌우를 에스코트했다. 밤을 꼬박 새우고 4월 5일 새벽

4시경 도착한 부산신항에서는 다시 길이 70미터, 폭 15미터의 대형 바지선을 이용해 나로우주센터까지 해상 이송을 하였다. 우리나라 남해 해상국립공원을 사이사이로 지나가는 해상 이송 경로는 160킬로미터 정도의 거리인데 안전을 위해 근거리는 해양경찰함이 원거리는 해군 호위함이 호송을 도왔고, 가끔 지나게 되는 연육교나 연도교 위에는 경찰관들이 배치되어 안전한 이송을 도와주었다. 4월 5일 새벽 6시 부산신항을 출발해 오후 5시에 나로우주센터 선착장에 도착한, 꼬박 11시간의 항해였다.

'나로호' 발사를 위해 많은 러시아 전문가들이 한국에서 생활했다. 나로우주센터 주변에 충분한 숙소가 없어 고흥과 녹동 주변 몇 군데 숙박업소를 장기 계약해 러시아 전문가들 숙소로 활용하였다. 또한 장기간 많은 인원들의 생활을 지원하기 위해 별도의 팀을 구성해 교통편과 생활편의를 도왔다. '나로호' 발사가 여러 차례 지연되면서 장기화된 출장 스트레스 때문인지, 워낙 술을 좋아하는 러시아인들이라 그런지 술로 인한 사소한 사고는 그나마 문제시 되지 않았다.

발사 준비 기간 중 한밤에 숙소에서 스쿠터를 타고 나간 러시아 전문가 한 명이 돌아오지 않는다는 급한 연락이 있었다. 비상이 걸려 여럿이 찾아 나선 끝에 숙소 주변 도로에 쓰러져 있던 그를 찾았고, 고흥에서는 치료가 어려워 광주 조선대학교병원까지 이송하였다. 처음 사소한 타박상 정도로 생각했던 것과는 달리 검사 결과 얼굴에 심각한 중상을 입어 결국 수술을 위해 러시아로 이송되었다.

발사를 얼마 남겨두지 않았던 시점에 또 한 번 황당한 러시아 전문가 인사 사고가 발생했다. 이번에는 부산 지하철역에서 새벽녘에 손에 칼을 쥔 채로 배에 자상을 입어 피를 흘리고 있던 러시아 전문가가 발견되었다. 뒤늦게 연락을 받고 급하게 우리측 지원팀이 부산으로 달려갔다. 이미 부산백병원 응급실로 이송돼 상처 봉합 수술을 받고 중환자실에 입원한 상태였고, 다행히 생명에는 지장이 없었으나 정신적 불안 증세가 심해 치료가 필요했다. 본인 이야기로는 스트레스가 심해 배를 타고 러시아 블라디보스토크로 가기 위해 대중교통을 이용해 부산까지 왔는데, 주변 사람들이 다 자기를 해치려 하는 러시아인으로 보였다고 했다. 결국 10일 뒤 러시아로 돌려보냈다.

'나로호' 2차 발사일을 2010년 6월 9일로 잡고 일정을 준비했다.

발사 2일 전 발사체 롤아웃과 발사대에서의 기립 작업이 진행되는데 지상 장비와의 점검과정에 문제가 발생했다. 계획상으로는 해가 지기 전에 발사체 기립이 완료되어야 하는데 점검이 계속되느라 시간이 지체되고 있었다. 급하게 조명시설을 준비하고 야간작업을 진행해 저녁 9시가 넘어서야 '나로호'를 발사대에 세울 수 있었다.

다행히 D-1 발사 전 종합리허설은 깔끔하게 잘 마무리되었다. 왠지 이번에는 발사가 꼭 성공할 것만 같았다.

드디어 D-day! 6월 9일 아침 9시 '나로호' 2차 발사 운용을 시작했다. 발사관제센터 각각의 자리에서 발사시퀀스에 따라 운용을 진행하는 콘솔 요원들의 차분하고 자신감 있는 목소리가 콘퍼런스를 통해 전달되고 있었다. 두 번째 도전이라 그런지 지난번 1차 발사 때와는 다르게 조금은 여유도 느껴지는 분위기였다. 예정대로 발사대 지역 인원 소개가 완료되고 추진제 충전을 위한 추진제 탱크 냉각이 시작되었다.

지상 안전 담당자가 발사대 주변 인원 통제 상황을 CCTV를 통해 확인하고 있는데, 갑자기 발사대 주변에 소화액이 뿜어져 나오는 것이 아닌가. 오후 1시 52분, '나로호' 주변으로 하얀 폼 형태의 소화액과 물이 소화기 노즐에서 분사되

고 있었다. 비상 상황 시 발사체 주위에 원격으로 초기 화재
를 진압할 수 있는 화재 방지 시스템 제어콘솔이 있는데, 아
무런 조작을 하지 않았는데도 오작동이 발생한 것이었다.

"야! 저거 왜 저래? 빨리 비상정지 시켜!"

"아…. 안 되는데요….."

화재 방지 시스템 제어콘솔 비상정지 버튼을 수없이 눌러
도 소화액 분사가 멈춰지지 않았다. 원격제어가 안 되는 상
황에서 결국 발사대 지하에서 직접 소화용 급수밸브를 닫기
위해 급하게 비상 대기조를 발사대로 출동시켰다. 그런데 경
황이 없다 보니 발사대 인원 철수 후 자동으로 잠긴 발사대
지하 출입용 출입문을 열어주지 못해 바로 들어가지 못하는
웃지 못하는 상황이 벌어졌다. 현장 생중계를 통해 소화 설
비 오작동으로 소화액이 발사체 주변으로 뿜어져 나오는 것
과 긴급하게 발사대에 도착한 비상 대기조가 출입문이 잠겨
우왕좌왕하는 모습이 전국으로 방송되어버렸다.

결국 발사통제동 발사관제센터 카운트다운 시계가
'-02:57:46'에 멈춰 섰고, 발사 취소와 함께 시스템 초기화
가 진행되었다.

인력을 총동원해 발사대 주변에 쏟아진 소화액을 치우고

긴급히 기체 점검에 나섰다. 다행히도 점검 결과 '나로호' 기체는 이상이 없다고 확인되었고, 화재 방지 시스템 오작동은 원격 통신 오류로만 파악될 뿐 정확한 원인을 찾을 수가 없었다. 일단 화재 방지 시스템의 펌프 구동을 꺼놓고 진행시키고 만약의 비상 상황 발생 시 수동으로 작동시키기로 결정하였다. 극저온 추진제인 액체산소가 탱크에 채워지기 전에 사고가 일어났고, 그나마 소화액이 '나로호' 기체에 직접 분사되지 않은 것이 천운이라 볼 수 있었다. 러시아 전문가에 의하면 극저온 추진제가 채워진 상태에서 소화액이 갑자기 뿜어져 기체에 닿았다면 기체가 부서질 수도 있었다고 한다. 당시 교육과학기술부가 준비한 이벤트 중 하나로 다양한 계층의 일반인과 어린이들을 해양경찰청 경비정에 태워서 나로도 앞바다에서 '나로호' 발사를 볼 수 있는 기회를 마련했던 모양이었다. 잔뜩 기대했을 '나로호' 발사를 보지 못하게 된 한 어린이가 울먹이며 한 선상 인터뷰가 저녁에 TV로 중계되었다.

"과학자 아저씨가요… 좀 열심히 했으면, 우리가 로켓 쏘는 거 볼 수 있었을 텐데… 아저씨! 좀 열심히 좀 하시지…."

아마도 화재 방지 시스템 오작동 시 발사대로 뛰어 올라

갔던 담당자를 원망했던 것 같다.

　발사를 하루 연기하기로 하고 화재 방지 시스템의 오작동 원인을 찾고 재발 방지 조치를 위해 해당 시스템을 구축했던 업체 실무자를 찾아야 하는데 항우연 담당자가 아무리 연락해도 전화를 안 받았다. TV를 통해 전국으로 생방송 된 사고 순간을 보았을 것이고 아마도 본인 작업에 문제가 있었다고 생각했던 모양이었다. 오후 5시경 어렵게 연락이 닿아 최대한 빨리 나로우주센터로 오도록 했으나 차량으로 이동하는 데는 너무 오랜 시간이 걸릴 것이 뻔했다. 결국 한시라도 빠른 작업을 위해 유관기관의 협조를 받아 헬리콥터를 동원했고 2시간도 채 안 돼 실무자가 현장에 도착할 수 있었다. 나중에 들었는데, 도움을 준 헬리콥터는 필요시 국정수행을 위해 국무총리가 타는 것이라고 했다.

　6월 10일 '나로호'는 오후 5시 1분에 나로우주센터 발사대를 떠났다. 발사 준비 과정에도 특별한 문제가 없었고, 이륙 후 발사장 주변 상황도 특이사항이 없었다. 나는 의자에 등을 기대면서 심호흡을 했다. 발사통제동 스크린에 클로즈업되어 보이는 발사대를 떠나 하늘로 올라가는 '나로호'의 뒷모습을 보면서 말이다.

"'나로호' 비행 정상!"

"'나로호' 음속 돌파!"

장내 아나운서의 콘퍼런스를 들으며 속으로 외쳤다.

'이제 1분 지났다. 9분까지 쭈---욱 가자! 가자! 가자!'

얼마 지나지 않아 갑자기 여기저기서 탄식 소리가 들려왔다. 스크린에 표시되던 '나로호' 비행경로가 사라져버렸다. 통신이 두절되어 비행 데이터를 더 이상 수신할 수 없었던 것이다. 방송용 카메라가 찍은 영상에서 폭발하는 모습을 볼 수 있었다. '나로호' 이륙 후 137초경 68킬로미터 고도에서였다.

'나로호' 비행경로 해상통제를 위해 공해상에 나가 있던 해군함정에서 폭발에 의한 파편 낙하를 확인하고 일부 파편을 수거했다고 했다.

2010년 6월 10일 2차 발사에 도전한 '나로호'는 이렇게 공중에서 사라져버렸다.

이후 충분치 않은 비행 데이터와 서로의 입장 차에 의해 폭발 원인을 찾는 과정은 결코 쉽지 않았다. 결국 양국 정부 차원의 '한·러 공동조사단'을 구성하기로 하였고 추가 조사를 통해 2011년 10월 20일 결과를 공식 발표했다. '양측이 서로 검토한 기술적 분석 결과를 각기 명시하고, 3차 발사 성공을 위해 다양한 가능성에 대한 모든 조치를 강구하기로….'

드디어 성공한
'나로호'

　소형위성발사체 '나로호' 2차 발사 실패 이후 원인분석과정에 무려 1년 반이 넘게 걸렸다. 그럼에도 불구하고 명쾌하게 원인을 밝혀내지도 못하고 말이다. 많은 사람들 기억 속에 '나로호'의 존재가 잊혀질 무렵 우리는 다시 움직이기 시작했다. 2012년 2월, 3차 발사를 위한 계획을 세우고 러시아도 3차 발사용 1단 제작을 진행했다.

예년과 달리 여러 개의 태풍이 연달아 남해안을 휩쓸고 지나치던 2012년 8월 29일 아침 7시 40분, 3차 발사를 위한 '나로호' 1단이 안토노프 화물기에 실려 부산 김해공항 활주로에 도착했다. 이후 나로우주센터까지의 육상, 해상 이송은 우리 책임이다. 태풍의 영향이 아직도 남아 있어 적어도 2~3일 동안은 파고가 높아 바지선 출항이 어렵다고 했다. 안전을 위해 당초 계획을 3일 미뤄 해상 이송을 하기로 하고 유관기관의 협조를 미뤄 놓았다. '나로호' 1단은 김해공항 내 대한항공 격납고에 잘 모셔두고, 교대로 불침번을 서며 기체 점검을 했다.

하루에도 몇 번씩 일기예보를 들여다보고, 여기저기 연락을 해 바다 날씨와 파고를 확인하던 중, 이틀이 지난 8월 31일 밤부터는 파고가 잦아들 것 같다는 예인선 선장님과의 전화 통화 후 하루라도 당겨서 1단을 이송하기로 했다. 나로우주센터 조립동에서의 1단, 2단 결합과 각종 기능점검 일정 등 계획된 3차 발사일을 맞추기 위해서는 날짜에 여유가 별로 없었다. 즉 1단 이송이 늦어지면 늦어질수록 발사 일자가 밀리거나, 이후 일정을 서둘러 수행하는 수밖에 없었다.

"허…참! 3일 뒤로 일정을 미뤘다가 갑자기 하루를 당기면 어떻게 해요?"

"아! 네…. 죄송하게 됐습니다. 저희가 하루라도 좀 빨리 이송을 해야 돼서요…. 미안합니다!"

"우리가 다른 업무도 있고 해서 계획된 사항을 다 지원해 드리지 못할 수도 있어요."

"아! 네, 괜찮습니다. 지난번 1차, 2차 때도 너무 협조를 잘 해주셔서 감사했습니다. 가능한 범위에서만이라도 지원해 주시면 감사하겠습니다!"

유관기관 관계자분들에게 당겨진 일정을 설명 하느라 진 땀을 뺐다. 김해공항에서 부산신항까지 육상 이송 도로는 대형화물차들의 교통량이 워낙 많아 일부러 심야시간대를 택해 이송했다.

"한밤에는 거의 무법천지예요. 과속은 물론이고 경찰 통제에도 잘 안 따라요."

"매우 위험하니까 항상 조심해야 돼요." 육상 이송 도중 진행 방향을 바꾸기 위해 잠시 이동을 멈추고 차량에서 내리는 우리에게 교통경찰관이 한 말이었다. 실제로 경찰 통제에도 불구하고 저속으로 이동하는 우리를 추월하거나 끼어드는 차량들로 위험했던 순간이 몇 번 있었다.

덕분에 8월 31일 자정에 시작된 육상 이송을 안전하게 마치고 부산신항에서 9월 1일 새벽 6시에 출항할 수 있었다. 12시간 가까이 걸려 오후 6시에 나로우주센터에 도착할 때까지 언제 태풍이 지나갔나 싶을 정도로 파도가 거의 없었다. 해상운송에 이용한 바지선은 말 그대로 화물 탑재를 위해 넓고 평평한 바닥만 있을 뿐 햇빛을 가릴 수 있는 것이 아무것도 없다. 검증용 기체 이송을 시작으로 1차 발사용, 2차 발사용에 이어 네 번째 '나로호' 1단을 모시고 바지선에 탑승한 것이다. 특등 승객인 '나로호' 1단 옆에 만들어지는 그늘 바닥에 앉아 햇빛을 피하고, 바지선 바닥을 일정한 리듬으로 치는 잔잔한 파도 소리를 음악 삼아 조금은 긴장을 풀고 남해의 한려해상국립공원을 바라보는 여유를 잠시 가질 수 있었다.

2012년 10월 26일을 '나로호' 3차 발사일로 정하고 발사 캠페인을 시작했다. 이제는 더 이상 D-2, D-1 업무에서 비정상 상황은 발생하지 않았다. 무난히 발사 당일 아침이 밝았고 나름 익숙해진 점검 작업에 들어갔다. 그런데 작업 개시 후 얼마 지나지 않아 10시 1분 본격적인 헬륨 탱크 충전 과정에서 문제가 생겼다. 발사체와 지상 설비 간의 연결 포트 기밀 문제로 인해 압력이 채워지지 않아, 결국 발사를 취소하고 '나로호'를 조립동으로 내려보냈다.

조립동에서 연결 포트에 대한 반복된 점검과 재연시험을 통해 정확한 원인을 찾고 최선의 방법으로 재발 방지 조치를 완료했다. 서두르지 않고 합리적으로 문제를 확인하고 검증한 후, 절차에 따라 조치하는 러시아 전문가들의 노하우를 배운 좋은 기회였다.

'나로호' 3차 발사 2차 시도를 11월 29일로 잡고 다시 준비를 했다. 이번에는 마지막 단계까지 거의 다 갔다.

발사 22분 전. 이번에는 우리 한국 측이 맡고 있는 2단에서 문제가 생겼다. 2단 킥모터 노즐을 움직여 '나로호' 방향을 잡아주는 추력벡터제어기에 비정상 수치가 계측됐다. 만약 무시하고 발사한다면 위성을 제대로 궤도에 투입시킬 수가 없어 위성 발사 임무는 실패다. 결국 발사통제동 발사관제센터 카운트다운 시계가 '-00:16:52'에 다시 멈췄다.

'나로호' 3차 발사 두 번의 시도는 이렇게 러시아 측 파트와 우리 측 파트가 한 번씩 문제를 일으키며 미뤄졌다. 다소 허탈감에 빠졌던 우리와 러시아 전문가들은 다시 한번 더 힘을 내기로 했다.

"우리 서로 한 번씩 장군 멍군했으니 세 번째는 꼭 성공할 거야!"

'나로호' 발사가 두 번 실패하고 세 번째 도전을 위해 나로우주센터에서 같이 고생을 하면서는 더 이상 우리는 남남이 아니었다. 러시아 전문가들도 무엇 하나라도 더 묻고 알려고 하는 우리들의 열정에 박수를 보냈다. 그리고 우리는 점점 한 팀이 되어갔다. 이후 회식 자리에서 항상 이런 건배사를 했다.

"우리는 하나다!" "갈 데까지 갑시다!"

삼세번이라고나 할까. '나로호'는 두 번의 발사 실패 끝에 3차 발사에서, 3번째 시도 만에 성공했다.

2013년 1월 30일 오후 4시에 나로우주센터 발사대를 떠난 '나로호'는 1단 작동구간인 215.0초에 페어링을 정상적으로 분리했다. 이후 1단과 2단 분리는 231.3초에 이루어지고, 395.0초 303킬로미터 고도에서 2단 킥모터가 점화되었다. 정상적으로 60초 연소 후 540.0초에 나로과학위성을 성공적으로 분리시켰다.

비록 러시아와의 협력으로 이루어진 위성 발사 성공이었으나, '나로호' 사업은 우리의 토종발사체 한국형발사체 개발에 귀중한 밑거름이 되었다.

나중에 확인한 2단 탑재 카메라에 찍힌 지구 모습은 너무나 감격스러워 지금도 그 모습을 잊을 수 없다.

엔진 검증용
시험발사체

한국형발사체 '누리호'는 우리가 독자적으로 설계하고 개발한 위성발사체이다. 위성발사체는 거대 복합 시스템이기 때문에 수많은 부품 중 어느 것 하나 정상적인 기능을 하지 못하면 위성 발사 임무에 실패할 수밖에 없다.

75톤급 액체 로켓 엔진은 2014년 10월 연소기 개발과정에 발생한 연소불안정 문제를 수많은 시험과 설계변경 과정을 통해 16개월 만에 해결하였고, 2016년 5월 3일 1.5초 첫 연소시험을 시작으로 2달 만에 임무요구 시간인 145초 연소시험을 성공적으로 달성했다. 이후, 시험발사체에 사용될 75톤급 액체로켓 엔진 수락시험을 2017년 12월 6일 완료하였다. 엔진공급계를 구성하는 45개의 밸브류와 시험발사체 추진공급계 50개의 밸브류도 충분한 성능검증과 환경시험을 통해 개발되었고, 소재 확보와 제작공정 개발단계부터 어려움이 많았던 극저온용 추진제 탱크도 개발이 완료되어 시험발사체 총조립이 진행되었다.

우주발사체에 사용되는 밸브류는 지상에서 사용되는 것과는 달리 작동 신뢰도뿐 아니라 경량화가 요구되면서도 우주환경에 견딜 수 있어야 하는 개발 난이도가 매우 높은 부품 중 하나이다. 무엇이든 처음 만들 때 참고로 할 만한 물건이 있다면 개념을 이해하거나 이를 역설계에 활용하여 개발과정의 어려움을 조금은 줄일 수 있다. 고민에 고민을 하던 연구원이 얼마나 인터넷 사이트를 뒤졌는지, 우연히도 외국의 인터넷 중고마켓에서 비슷한 물건을 찾을 수 있었다. 실제 발사체에 사용되었던 밸브들을 판매한다고 중고마켓에 올라와 있는 것이 아닌가… 어찌어찌해서 어렵게 확보한 물건이 우리의 밸브 개발 과정에 요긴하게 사용되었다.

75톤급 액체 로켓 엔진 검증을 위한 시험발사체는 3단으로 구성된 '누리호' 중 2단만을 갖고 비행할 수 있도록 한 것이다. 처음 개발하는 발사체의 경우 시스템 대부분이 개발과정에 충분한 검증을 마쳤다고는 하나, 실제 비행용으로 만들어진 부품들이 때로는 극저온 환경에서 비정상 기능을 하는 경우가 가끔 있다. 그래서 우리는 비록 추가적인 시험 일정이 필요하지만 발사 성공 가능성을 조금이라도 더 높이기 위해 소위 WDR(Wet Dress Rehearsal)이라고 하는 극저온 추진제 충전·배출시험을 비행 전에 하기로 결정하였다. WDR이라는 것은 발사와 똑같이 종합조립동에서 발사대로 비행용 기체를 이송하고 수직으로 세운 뒤, 실제로 발사를 하듯이 발사 시나리오대로 추진제를 충전하고 비행용 기체의 기능을 점검해 보는 것이다. 이후 실제 엔진 점화는 하지 않고 다시 추진제를 배출시킨다. 즉, 실제로 점화되어 불이 붙는 것은 아니고, 추진제를 넣어 살짝 적셔주는 것으로 이해하면 된다.

시험발사체 비행시험을 2018년 10월 25일로 결정하고 나로우주센터 종합조립동 내에서 시험발사체 총조립과 각종 시험을 진행했다. 수많은 부품들이 종합조립동으로 납품되기 전 절차에 따른 수락시험을 모두 통과하였고 조립 이후에 진행되는 점검과정도 모두 통과했다. 이때만 해도 모든 구성품들이 기능상 아무 문제가 없었다.

10월 3일 시험발사체 WDR이 진행되었다. '누리호' 비행시험을 위한 발사 시나리오에 준해서 발사대에서의 일련의 작업들이 일사천리로 진행되었다. 시험 진행 과정에 산화제용 극저온 밸브가 작동 오류를 보였고, 고압 탱크에서 미세한 압력변화가 인지되었다. 시험을 마무리하고 문제가 된 밸브 개발담당자와 해당 팀장을 불러 대책 회의를 했다.

"수락시험을 통과하고 납품한 건데 왜 오작동을 일으켰는지 모르겠습니다. 아마 수분이 들어가서 구동부가 일시적으로 얼었던 것 같습니다."

"아니 그런 무책임한 말이 어디 있습니까? 수락시험 성적서가 잘못된 게 아니라면 우리가 정한 시험기준에 문제가 있거나 납품 과정에 문제가 있었던 거 아닙니까?"

회의 분위기가 험악해졌다. 잠시 후 이성을 찾고 결정했다.

"일단 해당 부품을 예비품으로 교체하고 오작동 원인은 해당 밸브를 분해해서 찾아보는 걸로 합시다."

수많은 추진기관 공급계 부품 중 거의 대부분이 한 번씩
은 개발과정에 문제가 발생했었기에, 발사체추진기관개발
부를 총괄하고 있던 나는 '가지 많은 나무에 바람 잘 날이
없다'는 심정이었다.

10월 16일 WDR을 다시 시도했다. 교체된 밸브는 정상
작동했다.

하지만 더 심각한 일이 터졌다. 1차 WDR에서 미세한 압
력변화가 있었던 고압용기와 연결배관부에서 누설되는 헬
륨가스가 기준치 이상이 나왔다. 해당 부품 위치는 기밀 조
립이 완료되어 밀폐되어 있는 산화제 탱크의 내부였다.

말 그대로 '비상사태'였다. 고압용기를 개발한 구조팀과
추진공급 배관을 담당하는 추진체계팀, 총조립 담당, 품질
인증 담당 등이 모였다.

"원칙대로라면 산화제 탱크를 다시 만들어야 되는 것 아
닌가?"

"맞다! 고압용기와 연결 배관은 산화제 탱크 제작 공정 중
조립과 검사가 이루어진다."

"센서 위치로 봐서는 고압 연결 배관 결합 부위로 판단되
고, 접근만 할 수 있다면 충분히 기밀을 잡을 수는 있을 거

같은데….”

"산화제 탱크를 다시 만들게 되면 올해 발사는 물 건너가는 것이다. 그러면 '누리호' 본 발사도 너무 늦어지게 된다!"

뾰족한 해결책을 찾지 못하고 고민하던 차에 누군가 말했다.

"저… 산화제 탱크 안에 들어가면….”

"아니! 무슨 말도 안 되는….”

"잠깐만! 산화제 탱크 상부 돔 덮개로 들어갈 수는 있겠네….”

"들어간다 해도 탱크 안에 배플도 있고, 발 디딜 곳도 없을 텐데 작업이 되겠어?"

"원칙적으로 탱크 안에 사람이 들어가는 것은 반대입니다. 더군다나 산화제 탱크라 클리닝 작업이나 유분 제거가 중요한데….”

마라톤 회의 끝에 우려되는 위험 요소가 많이 있으나 일정 지연을 최소화하기 위해 탱크 안에서의 작업을 시도해 보기로 결정했다. 이후 10여 일 동안 구조팀 담당자들은 땀이 흐르지 않게 소매와 바짓단을 테이프로 칭칭 동여맨 채 청정복을 입고 비좁은 산화제 탱크 안에서 속된 말로 '개고

생'을 했다.

11월 7일 그동안의 우리 판단과 결정이 문제없는지 최종 확인을 위한 세 번째 WDR을 수행했다.

그리고 2018년 11월 28일, 당초 계획보다 한 달 정도 늦게 엔진 검증용 시험발사체를 발사했다.

오후 4시 정각 나로우주센터 제1발사대를 떠난 시험발사체는 이륙 후 147.2초에 75.1킬로미터 고도에서 연료소진 감지로 75톤 엔진이 정상 정지되었고, 319.2초에 최대고도 209.1킬로미터에 도달하였다.

따라서 시험발사체 비행시험 성공기준인 '발사대에서의 안정적 이륙'과 '점화 후 140초 이상 엔진연소', '설계된 비행 궤적을 따라 안전한 비행과 낙하 완료'를 모두 만족시켰다.

한국형발사체
'누리호' 1차
비행시험

'누리호' 2단을 검증한 것으로 볼 수 있는 시험발사체 발사 이후 75톤급 액체 로켓 엔진 4개를 묶어서 300톤 추력을 내도록 설계한 '누리호' 1단과, 고고도에서 위성을 정밀하게 궤도에 투입시킬 수 있도록 설계한 '누리호' 3단에 대한 단 인증 시험을 완료했다.

나로우주센터 종합조립동에서 '누리호' 1단, 2단, 3단을 연결하는 전기체 ILV(Integrated

Launch Vehicle) 구성과 최종 기능점검이 어느 정도 마무리되었다. 시험발사체 때와 마찬가지로 '누리호'의 첫 비행시험 성공확률을 높이기 위해 ILV를 이용한 WDR을 나로우주센터 제2발사대에서 수행하기로 하였다.

2021년 8월 26일 발사와 동일하게 D-1 '누리호' ILV를 롤아웃 했다. 07시 23분 종합조립동을 출발한 ILV는 11시 08분 48미터 높이의 발사서비스타워 옆에 우뚝 섰다. 이후 실제 발사와 동일한 작업으로 각각의 단 엄빌리컬 연결 작업이 진행되었고, 오후 5시 47분에 D-1 작업이 모두 마무리되었다. 유일한 비정상 상황은 추진계통 센서 하나가 기능을 하지 않는 것이었으나 발사에 직접적인 영향을 주지 않는 참고치로 활용되는 센서였다.

8월 27일 진행된 D-day 작업에서는 발사장 지상 설비 중 하나인 공조 설비에 일부 문제가 확인되었으나 성능상 운용 마진을 조정해 발사 운용에는 문제가 없도록 조치했다. 정상적으로 산화제를 충전하고 15시 50분에 계획대로 10분 전 발사자동시퀀스 진행과 비상정지 기능을 확인했다.

한국형발사체 '누리호' 1차 발사 날짜가 2021년 10월 21일로 잡혔다.

10월 20일 07시 20분 발사책임자 명령이 전달됐다.

"'누리호' 이송을 시작하시오."

발사 준비를 마친 '누리호'가 종합조립동을 나섰다. 발사장 설비 점검으로 10분 정도 지연된 08시 45분에 발사장에 도착하고 10시 57분에 수직으로 세워졌다. 이후 단별 엄빌리컬 연결과 기밀작업이 저녁까지 진행됐다.

당일 진행된 업무에 대한 점검과 다음 날 발사를 계획대로 진행할 것인지를 결정하는 과기정통부 차관이 주관하는 '발사관리위원회'가 저녁 8시에 개최되었다. D-1에 진행한 업무상 문제는 없었으나 발사 당일 고층에서의 바람이 조금은 걱정되는 수치로 예보되었다. 날씨까지는 우리가 어쩔 수 있는 것이 아니지 않는가…. 예정대로 내일 발사 준비는 계속 진행하되 날씨는 변화가 있기를 기다려보기로 했다.

21일 새벽에 잠이 깬 나는 기숙사 방 베란다로 나가 여명이 트기 전 조명을 받으며 우뚝 서 있는 '누리호'를 바라보았다. 오늘 보는 '누리호'가 마지막이기를 간절히 바랐다.

D-day '누리호' 발사 운용은 아침 10시부터 시작했다. 추진공급계 구성품에 대한 초기 상태가 정상으로 확인되고, 밸브 구동을 위한 헬륨 충전이 완료되었다. 11시 30분 안전책

임자의 육상인원 소개 명령이 전달되었는데, 발사대 설비를 담당하는 콘솔요원이 지상 밸브가 이상하다며 현장 점검이 필요하다고 하는 것이 아닌가…. 발사대 설비 비상 대기조를 발사장으로 출발시키고, 안전팀에게는 발사대 접근을 일부 허용하도록 다시 지시하였다. 지상 밸브 점검을 진행하느라 1시간 가까이 일정이 지연되기 시작했고, 이후 작업에서는 시간을 당길 수가 없어서, 결국 1시간 발사 시각을 연기하기로 결정하였다. 다행히 시간이 갈수록 고층풍 수치가 낮아지는 경향을 보여 날씨도 더 이상 문제가 되지는 않는 듯했다.

오후 4시 46분 모든 분야에 발사자동시퀀스 진입 준비가 완료되었다. 우리 모두 숨죽이며 4분간을 기다렸다. 드디어 4시 50분 발사책임자가 외쳤다.

"지금 시각 16시 50분, 발사 10분 전! 발사자동시퀀스 시작!"

우리가 할 수 있는 것은 여기까지였다. 이제는 기다리는 수밖에….

"엔진 점화! 점화 정상!"

"'누리호' 이륙!"

47.2미터의 '누리호'가 위로 살짝 움직이는가 싶더니 엄빌리컬 케이블이 거짓말처럼 부드럽게 분리되었다. 발사체 표면에 얼어붙어 있던 얼음이 우수수 떨어지는 모습은 경이롭기까지 했다.

'누리호'가 비행을 성공하기 위해서는 몇 단계의 중요한 이벤트가 있다. 그 첫 번째가 4개의 엔진 점화(성공), 발사대 이륙(성공)… 이제는 다음 이벤트 차례이다.

124.44초가 지났다. "1단 분리 정상!"

229.2초 "페어링 분리 정상"

270.72초 "2단 분리 정상!"

'누리호' 3단은 500초를 넘게 연소하기 때문에 그동안 나는 이렇게 생각하고 있었다. '이제는 거의 다 왔다…. 남은 건 3단 연소종료와 위성 분리뿐이다. 이렇게 한 번에 모든 이벤트가 다 잘되다니!'라고 말이다….

이륙 후 747초가 지났는데 "3단 연소종료!"라는 게 아닌가…. "앵? 더 타야 되는데!" "뭐지?" "한 40~50초 빨리 꺼졌는데! 왜 빨리 꺼졌지?" 뭔가가 잘못됐다는 생각이 들었다. 얼마 뒤 "위성 분리 정상!"이라는 게 아닌가…. 917.8초였다. "이건 또 뭐지?" "모든 이벤트는 다 성공했는데! 3단 연소시간이 짧은 거 말고는….” 도무지 이해가 되지 않았다.

설마! 했는데 '누리호' 1차 발사는 성공하지 못했다.

위성발사체 임무는 위성을 정확히 궤도에 투입하는 것이다. 3단 연소시간이 짧아진 것 말고 다른 모든 이벤트는 한 번에 다 성공했지만, 위성 궤도투입 임무는 달성하지 못했다.

우리는 바로 원인분석 작업에 들어갔다. 자동차가 고장이 나면 정비공장에서 부품을 뜯어가며 원인을 찾을 수 있지만, 비행시험인 경우 비행과정에서 얻은 데이터만 있을 뿐이다.

하지만 '누리호'는 '나로호'와 달리 우리가 설계하고 우리가 만든 우리 발사체다. 2,600여 개의 비행 데이터를 분석하고 3단의 비정상 작동 원인을 찾는데 2달이 채 걸리지 않았다.

우리 발사체 연구원들의 능력은 정말 대단했다.

에필로그

그럼에도 불구하고
우리가 가야 할 길

우주발사체와 같은 거대 복합 시스템의 개발에는 많은 예
산과 시간이 필요하며 무엇보다도 국가적 지원이 성공의 중
요한 요인이 된다. 특히 우주발사체 기술은 국가 간의 기술
이전이 불가능해 국가적 지원 속에서도 완전한 발사체 기술
을 확보하기까지 상당한 기술적 한계와 실패를 경험하게 된
다. 소형위성발사체인 '나로호'와 한국형발사체 '누리호' 개
발 과정에서도 보았듯이 많은 시간과 비용을 투입하고도 쓰
라린 실패를 경험할 수밖에 없는 분야이다. 십여 년 전만 해

도 국내에는 우주발사체 핵심부품을 제작할 수 있는 기업들과 산업적 기반이 매우 미흡했다. 수많은 시행착오와 실패의 경험을 쌓아오며 어려운 여건 속에서도 지금은 독자 기술로 '누리호'를 개발했고 우주발사체 기술을 확보하게 됐다. '누리호'는 설계, 제작, 시험 및 발사 운용에 이르는 모든 전주기 과정을 우리 기술로 개발해 낸 우리의 발사체이다.

'누리호'는 지난 1차 발사의 아쉬움을 뒤로하고 8개월 만에 기술적 문제점을 완벽하게 해결한 상태로 2차 발사에 성공했다. 이제 '누리호' 3차 발사가 얼마 남지 않았다. 지금 고흥 나로우주센터 현장에서는 3차 발사를 위한 '누리호' 조립이 거의 마무리되었다. 이번 3차 발사에서 '누리호'는 차세대소형위성 2호와 초소형위성을 싣고 발사할 예정이다. 한국형발사체 고도화사업을 통해 2027년까지 네 번의 반복발사를 계획하고 있으며, 이를 통해 위성발사체로서의 신뢰성을 높이고, 발사체 개발 관련 기술과 발사 운용을 국내 민간기업에 단계적으로 이전할 계획이다.

최근 세계적으로 초소형위성이나 소형발사체를 개발하고 우주여행과 우주탐사를 비즈니스 모델로 하는 스타트업들이 많이 생겨났다. 대표적인 기업으로는 일론 머스크(Elon

Musk)의 우주기업 스페이스X와 아마존 의장 제프 베이조스 (Jeff Bezos)의 블루오리진 등이 있다. 기존의 전통적인 국가 주도 우주개발이 아닌 민간 기업이 새롭고 혁신적인 방법으로 우주비즈니스를 하는 시대를 일컫는 소위 '뉴스페이스'가 온 것이다. 이렇게 민간 우주기업들이 탄생하게 된 이유는 우주개발과 우주비즈니스가 이제는 경제적 이익을 창출할 수 있는 분야로 성장했다고 생각하기 때문이다. 과거와 다르게 유망한 우주스타트업에 금융 투자가 이뤄지고 있고, 우주 선진국들도 민간 우주기업을 육성하기 위해 정책과 자금 지원을 지속해 오고 있다. 뿐만 아니라, 민간 우주기업들이 성장할 수 있도록 기술이전과 지원정책을 추진하고 있다. NASA는 스페이스X에 상당한 기술적 지원과 프로젝트를 통한 재정적 지원을 해왔다. 세계 우주발사체 시장의 리더 격인 스페이스X도 미국 정부 차원의 우주정책과 NASA의 정책적 지원이 없었다면 지금과 같은 성장이 불가능했을 것이다. 오늘날 스페이스X는 독자적인 우주인터넷망 구축과 화성 이주 프로젝트 등 다양한 우주비즈니스를 추진하는 것은 물론 미국의 중요한 우주운송 서비스를 담당하고 있다. 나름대로 성공한 스페이스X의 경우에서 보듯이 우주개발에 있어서 우주정책의 지속성과 재정적 지원은 매우 중요하다.

이와는 별도로 이제부터는 '누리호' 사업을 통해 확보한 축적된 기술과 경험을 살려 국가 우주개발 계획 이행을 위한 새로운 차세대발사체 개발이 진행되어야 한다. '나로호' 개발이 '누리호' 개발의 토대가 되었듯이 '누리호'를 발판 삼아 위성 발사 성능이 향상된 차세대발사체 개발이 필요한 것이다. 현재 '누리호'는 고도 700킬로미터에 1.5톤의 태양동기궤도위성을 발사할 수 있는 수준으로, 정지궤도위성이나 달착륙선을 발사할 수는 없다. 앞으로 저궤도위성뿐 아니라 정지궤도위성, 달착륙선 등을 발사할 수 있는 성능이 향상된 차세대발사체를 개발해 국가 우주개발 계획을 차질 없이 수행해 나가야 한다. 아직 해외 발사체에 의존할 수밖에 없는 대형위성 및 우주탐사선의 발사를 우리 발사체로 발사할 수 있어야 진정한 우주독립을 실현할 수 있다.

차세대발사체 개발은 기존 발사체 개발 과정과는 달리 설계단계부터 체계종합기업이 공동으로 참여할 수 있도록 해 위성발사체 설계 역량을 갖춘 기업을 육성하는 것이 목표이다. 차세대발사체 개발은 '누리호' 개발보다 더 어려운 기술적 한계가 요구된다. 그럼에도 우주발사체 개발을 포기할 수 없는 이유는, 우수발사체가 없으면 우리의 우주개발 역량이 제한적일 수밖에 없기 때문이다. 차세대발사체가 개발되면 우주개발 역량이 확대되고 우주로의 진출과 우주개발의 기회가 확장될 수 있다. 차세대발사체 개발로 국가 우주개발의 대전환과 도약의 기회를 마련해야 할 중요한 시점이다. '누리호'가 국민들에게 우주에 대한 희망을 안겨주었다면, 차세대발사체로 더 넓은 우주를 보여줄 수 있어야 한다. 이것이 바로 우리가 도전을 멈출 수 없는 이유이다.

한눈에 보는 한국의 우주발사체 개발사

1989년 10월 10일	한국기계연구소 부설 '항공우주연구소' 설립
1993년 06월 04일	과학관측용 고체 로켓(KSR-I) 1차 발사
1993년 09월 01일	과학관측용 고체 로켓(KSR-I) 2차 발사
1995년 09월 06일	400파운드급 AKE 연소시험 (임시시험장)
1997년 07월 09일	2단형 과학관측용 고체 로켓(KSR-II) 1차 발사
1998년 06월 11일	2단형 과학관측용 고체 로켓(KSR-II) 2차 발사
1999년 11월 13일	1톤급 소형 엔진 지상연소시험 (소형시험장)
2000년 07월 21일	가압식 액체 로켓 엔진 8초 연소시험 (러시아 니히마쉬)
2001년 01월 01일	'한국항공우주연구원'으로 명칭 변경
2001년 01월 30일	나로우주센터 부지 선정
2002년 05월 14일	가압식 액체 로켓 엔진 60초 연소시험 (주 엔진 연소시험장)
2002년 06월 29일	과학관측용 액체 로켓(KSR-III) 종합연소시험 (임시 종합연소시험장)
2002년 11월 28일	과학관측용 액체 로켓(KSR-III) 발사
2006년 01월 19일	'나로호' 2단 고체 추진기관 1차 지상연소시험 (국과연 안흥시험장)
2007년 08월 30일	'나로호' 2단 고체 추진기관 1차 고공환경모사시험 (고흥 고고도시험장)
2008년 08월 27일	'나로호' 2단 단 인증 시험 (고흥 고고도시험장)
2009년 06월 11일	나로우주센터 준공
2009년 08월 25일	소형위성발사체(KSLV-I) '나로호' 1차 발사
2010년 06월 10일	소형위성발사체(KSLV-I) '나로호' 2차 발사
2011년 08월 01일	한국형발사체개발사업단 발족
2013년 01월 30일	소형위성발사체(KSLV-I) '나로호' 3차 발사
2016년 12월 22일	국가우주개발전문기관 지정
2017년 04월 28일	추진기관 종합시험설비 10종 구축 완료
2018년 05월 17일	'누리호' 시험발사체 1차 종합연소시험 (나로우주센터 추진기관 종합연소시험장)
2018년 11월 28일	한국형발사체(KSLV-II) '누리호' 시험발사체 발사
2020년 01월 09일	'누리호' 3단 1차 종합연소시험 (나로우주센터 추진기관 종합연소시험장)
2021년 01월 28일	'누리호' 1단 1차 종합연소시험 (나로우주센터 추진기관 종합연소시험장)
2021년 10월 21일	한국형발사체(KSLV-II) '누리호' 1차 발사
2022년 06월 21일	한국형발사체(KSLV-II) '누리호' 2차 발사

KSR-I	KSR-II	KSR-III	나로호(KSLV-I)	시험발사체	누리호(KSLV-II)
1993	1997,1998	2002	2009, 2010, 2013	2018	2021, 2022

1단형 과학관측 로켓(KSR-I) 발사 준비

1단형 과학관측 로켓(KSR-I) 발사

©한국항공우주연구원

2단형 과학관측 로켓
(KSR-II) 발사 준비

2단형 과학관측 로켓(KSR-II)

ⓒ한국항공우주연구원

러시아에서의 과학관측용 액체 로켓(KSR-III) 엔진 연소시험

과학관측용 액체 로켓(KSR-III) 발사

©한국항공우주연구원

한국 최초 소형위성발사체 나로호(KSLV-I) 발사대 기립　　　ⓒ한국항공우주연구원

한국 최초 소형위성발사체 나로호(KSLV-I) 발사 ©한국항공우주연구원

한국형발사체 누리호(KSLV-II) 1단 종합연소시험

종합조립동을 나와 발사대로 향하는 누리호_1차　　　　　　　©한국항공우주연구원

제2발사대에 기립 중인 누리호_1차　　　　　　　©한국항공우주연구원

누리호 발사_1차

©한국항공우주연구원

나로우주센터 위성조립동에서
검증위성과 조립이 완료된 3단 이송준비 중인 누리호_2차

©한국항공우주연구원

나로우주센터 종합조립동에서
1, 2단과 3단의 최종 결합 작업 중인 누리호_2차

©한국항공우주연구원

발사대로 이송되는 누리호_2차   ⓒ한국항공우주연구원

발사체 종합조립동으로 재이송된 누리호_2차

발사대에서 기립하고 있는 누리호_2차

발사대 기립 및 고정작업이 완료된 누리호_2차 　　　　　　ⓒ한국항공우주연구원

누리호 발사_2차 　　　　　　ⓒ한국항공우주연구원

누리호 발사_2차

©한국항공우주연구원

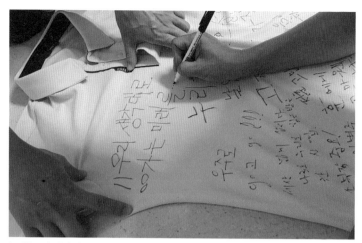

누리호 2차 발사 성공 후 단체 티셔츠에 적는 축하 메시지

누리호 2차 발사를 위한 마지막 점검 후 종합조립동에서

발사대 검증시험 후 발사장에서

누리호,
우주로 가는
길을 열다

1판 1쇄 발행 2023년 3월 8일
1판 2쇄 발행 2023년 3월 24일

지은이 오승협

발행인 양원석 편집장 정효진
책임편집 이하린 디자인 김유진, 김미선
영업마케팅 양정길, 윤송, 김지현, 정다은, 박윤하

펴낸 곳 ㈜알에이치코리아
주소 서울시 금천구 가산디지털2로 53, 20층(가산동, 한라시그마밸리)
편집문의 02-6443-8858 도서문의 02-6443-8800
홈페이지 http://rhk.co.kr
등록 2004년 1월 15일 제2-3726호

ISBN 978-89-255-7691-6 (03440)